中国地质大学(武汉)实验教学系列教材
中国地质大学(武汉)实验技术研究经费资助出版

环境分析中常用大型仪器实践教程

HUANJING FENXI ZHONG CHANGYONG DAXING YIQI SHIJIAN JIAOCHENG

梁莉莉　主　编
徐佳丽　副主编

 中国地质大学出版社
ZHONGGUO DIZHI DAXUE CHUBANSHE

图书在版编目(CIP)数据

环境分析中常用大型仪器实践教程/梁莉莉主编．—武汉：中国地质大学出版社，2019.9
ISBN 978-7-5625-4632-0

Ⅰ.①环…

Ⅱ.①梁…

Ⅲ.①环境分析化学-化学实验-教材

Ⅳ.①X132-33

中国版本图书馆CIP数据核字(2019)第202876号

环境分析中常用大型仪器实践教程	梁莉莉 主　编
	徐佳丽 副主编
责任编辑：周　豪	责任校对：徐蕾蕾
出版发行：中国地质大学出版社(武汉市洪山区鲁磨路388号)	邮政编码：430074
电　　话：(027)67883511　　传　　真：(027)67883580	E-mail:cbb@cug.edu.cn
经　　销：全国新华书店	http://cugp.cug.edu.cn
开本：787毫米×1 092毫米 1/16	字数：109千字　　印张：4.25
版次：2019年9月第1版	印次：2019年9月第1次印刷
印刷：武汉市籍缘印刷厂	印数：1—800册
ISBN 978-7-5625-4632-0	定价：15.00元

如有印装质量问题请与印刷厂联系调换

前　言

国务院在《关于深化教育改革全面推进素质教育的决定》中明确指出:"高等教育要重视培养大学生的创新能力、实践能力和创业能力",并要求"加强课程的综合性和实践性,重视实验教学,培养学生的实际操作能力"。21世纪教育的使命之一就是培养具有创新精神和创新能力的、能推动社会发展和进步的创新型人才。随着科学技术发展的日新月异,学生越来越渴望了解学科发展前沿的知识,用人单位也越来越重视高校毕业生的创新能力和实际动手能力,尤其是代表着高科技发展方向的大型仪器的操作与使用能力。这就对学生的仪器分析能力提出了更高的要求。

仪器分析虽然是化学类专业必修的基础课程之一,但中国地质大学(武汉)环境学院开设的"水文地球化学""环境监测""环境化学""地下水污染与防治"等课程都离不开仪器分析,因此仪器分析也成为了环境专业的必修课程。通过本课程的学习,学生可以掌握常用仪器分析方法的原理和仪器的简单结构,并具有根据分析目的,结合学到的各种仪器分析方法的特点及其应用范围,选择适宜分析方法的能力。

本书在编写的过程中,不仅参考相关仪器的原理及发展史类书籍,而且借鉴了目前比较主流的品牌仪器的操作手册及使用方法,目的是让初学者及入门者通过本书的学习,对仪器的原理及使用都有所了解,能尽快熟悉相关仪器设备的使用及操作。编写过程还有许多不足之处,望读者朋友不吝赐教。

编　者
2019年6月

目 录

第一章　样品的预处理 ……………………………………………………………（1）

　　第一节　水样的预处理 ……………………………………………………………（1）
　　第二节　环境中的固体样品预处理 ………………………………………………（2）
　　第三节　地矿样品预处理 …………………………………………………………（3）

第二章　原子发射光谱仪 …………………………………………………………（4）

　　第一节　原理及主要组成 …………………………………………………………（5）
　　第二节　测试应用领域介绍 ………………………………………………………（9）
　　第三节　操作流程及常见故障排除 ………………………………………………（10）
　　第四节　数据的处理与换算 ………………………………………………………（11）
　　第五节　原子发射光谱分析优缺点 ………………………………………………（12）

第三章　原子吸收光谱仪 …………………………………………………………（13）

　　第一节　原理及主要组成 …………………………………………………………（13）
　　第二节　分析特点 …………………………………………………………………（20）
　　第三节　操作流程及常见故障排除 ………………………………………………（21）

第四章　原子荧光光谱仪 …………………………………………………………（25）

　　第一节　原理及主要组成 …………………………………………………………（25）
　　第二节　仪器操作基本流程 ………………………………………………………（31）
　　第三节　仪器维护 …………………………………………………………………（36）
　　第四节　常见样品的预处理 ………………………………………………………（38）

第五章　电感耦合等离子体质谱仪 ………………………………………………（41）

　　第一节　分析特点 …………………………………………………………………（41）
　　第二节　仪器主要组成 ……………………………………………………………（42）

第二节　仪器操作基本流程 …………………………………………（47）

　　第三节　仪器维护 ……………………………………………………（48）

　　第四节　常见问题分析及解决方案 …………………………………（49）

　　第五节　存在的干扰 …………………………………………………（49）

第六章　离子色谱仪 ……………………………………………………（51）

　　第一节　原理及主要组成 ……………………………………………（51）

　　第二节　测试范围介绍 ………………………………………………（58）

　　第三节　操作流程 ……………………………………………………（59）

　　第四节　常见样品的采集及预处理 …………………………………（61）

主要参考文献 ………………………………………………………………（62）

第一章 样品的预处理

电感耦合等离子体光谱仪、原子吸收光谱仪和原子荧光光谱仪等仪器在样品测试时,均需要对样品进行相应的预处理。因此这个章节主要介绍这几种仪器涉及到样品的预处理过程。

第一节 水样的预处理

在环境领域,水质分析比较多,包括环境领域的天然污水、生产领域的工业用水及离子交换水、饮料类的矿泉水及纯净水、含盐量较高的电解盐水及海水等,这些类型的水样均可用电感耦合等离子体(inductively couple plasma,ICP)光谱法和原子吸收光谱分析法来分析。水样分析预处理应该注意以下几个方面:

(1)采样。在水样采集过程中取样点的位置和取样时间的影响必须考虑。对于水源不同深度的样品,其成分的差异和温度及盐浓度的差异引起的分层现象应予以重视。

(2)过滤。天然水中总会有悬浮物。悬浮物包括有机成分和无机成分,其悬浮状态是不稳定的。在一般情况下,取样后应立即用 $0.45\mu m$ 的滤膜过滤。滤液中的成分被认为是可溶成分,可用于测定。滤出的悬浮物可在消解后再进行测定。

(3)酸化及储存。天然水的pH较高,一般在5.5左右,在此pH下多种金属离子水解呈氢氧化物状态,溶液发生凝聚,部分被容器吸附,须对水样进行酸化。此外,酸化可以抑制微生物的繁殖。为了保持水样成分稳定,最好用玻璃瓶或者高密度乙烯容器储存水样,并维持其在温度0~4℃的环境下放置。

(4)污染问题。在测定水样中的痕量元素时,必须注意容器及化学试剂所引起的污染。容器要用无机酸洗净并保持环境的清洁。

(5)对于水体中的微量或痕量元素,在测试前需要进行富集。主要的富集方法有:①旋转薄膜蒸发器富集,同时测定水中微量元素;②氢氧化铁共沉淀分离温泉水中微量元素;③萃取富集海水中微量元素;④饱和精盐水中痕量元素的分离富集和测定;⑤矿泉水中稀土元素的离子交换富集;⑥在线螯合树脂分离富集水中微量元素。

第二节 环境中的固体样品预处理

(1) 大气飘尘或颗粒物。大气颗粒物的取样通常采用大气采样器,采用玻璃纤维滤膜或硝酸(醋酸)纤维滤膜。玻璃纤维滤膜可以 $HClO_4-HNO_3-HF$ 体系消解后测试。硝酸纤维滤膜采集的样品采用硝酸和高氯酸加热溶解。

(2) 土壤样品。土壤样品的分解方法与土壤类型和测定元素种类有关。分解方法主要有以下 8 种:①硼酸盐碱熔法。以偏硼酸锂为溶剂,在 950℃温度下熔融 20~30min,熔体用硝酸浸取,这种方法用于测定 Si、Al、Fe、Ca、Mg、K、Na、Ti、Mn、P、Ba、Sr 和 V。②氢氧化钠碱熔法。该法用 NaOH 在 720℃温度下熔融 15min,用去离子水浸取熔体。这种方法用于测定 Se、Mo、B、As、Si、S、Pb、P、Ge、Sn、Sb、Cr 和 K。③磷酸-硝酸-盐酸-氢氟酸溶样法。此法可使大量元素形成磷酸盐沉淀而与硼分开,消除了基体硼对测定的干扰。④硝酸-氢氟酸溶样法,此法可测定 Ti、Al、Fe、Mn、Mg、Ca、Na 和 K。⑤硝酸-过氧化氢-氢氟酸溶样法。该法用密封罐微波消解,用于测定 Ca、Mg、Fe、Mn、Cu、Zn、Sr、Ba 和 Cr 等。⑥王水-高氯酸溶样法。该法用于测定 Cd、Cu、Ni、Zn、Pb、Mn、Fe 等。⑦硫酸-磷酸-硝酸溶样法。该法用于测定土壤中的 Ti。⑧硝酸-硫酸溶样法。该法用于测定土壤痕量元素中的 As、Sb 和 Bi 等。

(3) 水系沉积物。水系沉积物包括海洋沉积物、河流沉积物及湖泊沉积物。它们的主要组成类似土壤,消解方法也与土壤样品相同。这类样品的分析精准度在很大程度上取决于样品的化学处理。如果样品的分解方法合理且操作正确,用 ICP 光谱法测得的常量元素的相对标准偏差应低于 2%。

(4) 煤灰及煤飞灰。煤灰及煤飞灰是燃煤产生的主要污染物,消解需要用硝酸、氢氟酸及高氯酸在高压条件下熔样,然后用 2% 硝酸定容测试。

(5) 固体废物和铀矿尾渣。采用硝酸、盐酸和高氯酸消解试样,用直接进样方式的 ICP 光谱法测定 Cu、Pb、Mn、Cr、Ni 和 Mn 等多种重金属。

(6) 城市垃圾焚烧后的残灰。城市垃圾焚烧后的残灰成分比较复杂,消解困难,可以用高压酸消解法和碱熔法。高压酸消解法用硝酸和氢氟酸作为溶剂,在 250℃温度下加热 12h,用硼酸络合过量氟化物。碱熔法是用偏硼酸锂作为溶剂,在 1 000℃温度下熔融 1h。全部熔解或灰化后用 2% 硝酸定容测试。

(7) 城市垃圾焚化灰中有害元素测定。样品用 $HCl-HNO_3-HF$ 及 $HClO_4-HNO_3-HF$ 体系微波消解,全部消解赶酸后用 2% 硝酸定容测试。

第三节 地矿样品预处理

地矿样品分析的特点是批量大、测定元素多及样品处理工作量大,并且预处理对分析质量的影响也很大。ICP 光谱分析地矿样品预处理的要求是溶解完全,不含有固体残留物及悬浮体;较低量的可溶性固体,通用进样装置的最高允许含盐量是 10mg/mL,一般多在 5mg/mL 以下。地矿样品的分解方法有熔融法和氢氟酸溶解法两大类。

(1)熔融法。岩(矿)石最有效的分解方法是偏硼酸锂熔融,能分解大多数的地矿样品,熔融后将熔体转入酸溶液。该种方法有两个缺点:一是由于温度太高,导致个别元素因挥发而损失;二是引入大量盐类,必须用高倍稀释法来降低盐的含量,影响低含量元素的检出和测定。此外,熔剂中杂质的含量会增加某些元素的空白值。

(2)氢氟酸溶解法。开放式氢氟酸与其他无机酸混合溶解法是广泛应用的分解方法。它具有较低的稀释倍数,一般为 40~100 倍,并且空白值也比较低。氢氟酸溶解法可以分解多数岩矿样品,只有铬铁矿、黑钨矿石及锡石等少数矿物分解不完全,或分解困难。氢氟酸及无机酸混合分解法可以在开放式容器中进行,也可以在密封的高压条件下进行。微波消解可以缩短分解时间及降低空白值,具有明显的优势。与氢氟酸同时使用的无机酸是高氯酸及硝酸。高氯酸是强氧化剂,能有效地破坏有机质,同时由于较高的沸点,可以将样品残留的氟化物消除干净。硝酸也具有氧化性,但其破坏有机质和驱除氟离子的能力弱于高氯酸。硫酸和磷酸沸点也较高,但应考虑它们和有些离子形成难溶性盐类的问题。

地矿样品中有许多稀有的微量元素。有些样品溶解后可直接测定,但有些必须预先分离富集后再测定,如稀土元素。方法要点是用强酸性阳离子交换树脂为固定相,以硝酸和盐酸为淋洗剂,将稀土元素分离。用高功率的 ICP 光谱仪测定其中 15 种稀土元素,或者用流动注射装置在线双柱分离 14 种稀土元素和 Y 元素。

大部分的样品经过标准的预处理操作后,再用 2%硝酸定容,都能得到比较好的测定结果。

第二章 原子发射光谱仪

原子光谱法包括四部分内容，即原子发射光谱法(atomic emission spectrometry, AES)、原子吸收光谱法(atomic absorption spectrometry, AAS)、原子荧光光谱法(atomic fluorescence spectrometry, AFS)和原子质谱法(atomic mass spectrometry, AMS)。

前三种光谱法(AES、AAS、AFS)为利用原子在气体状态下发射或吸收特种辐射所产生的光谱进行元素定性、定量分析的方法。原子质谱法是用原子发射光谱法的激发光源作为离子源，然后用质谱法进行测定。物质通过电致激发、热致激发或光致激发等过程获得能量，变为激发态原子或分子，当从激发态过渡到低能态或基态时产生发射光谱。主要的发射光谱法列于表2-1。

表2-1 主要的发射光谱法一览表

方法名称	激发方式	作用物质	检测信号
X射线荧光光谱法	X射线(0.01~2.5nm)	原子内层电子的逐出，外层能级电子跃入空位(电子跃迁)	特征X射线(X射线荧光)
原子发射光谱法	火焰、电弧、火花、等离子炬等	气态原子外层电子	紫外、可见光
原子荧光光谱法	高强度紫外、可见光	气态原子外层电子跃迁	原子荧光
分子荧光光谱法	紫外、可见光	分子	荧光(紫外、可见光)
化学发光法	化学能	分子	可见光
磷光光谱法	紫外、可见光	分子	磷光(紫外、可见光)

原子光谱学的研究是从1672年Newton的著名实验开始的，他用玻璃棱镜将太阳光分解成绚丽的彩带，称其为光谱。值得一提的是，人类对光谱分析的应用很早就开始了，大家所熟知的焰色实验，其原理和AES定性分析是一样的，只是由"目视颜色"来判别。在国外，德国人Marggraf于1758年用焰色来分辨苏打(Na_2CO_3)和锅灰碱(K_2CO_3)。我国早在萧梁时期(6世纪)，医药学家陶弘景就使用焰色实验区别真硝石(KNO_3)(钾的灵敏线 K 776.5nm、K 769.9nm，呈深暗红色)与芒硝($Na_2SO_4 \cdot H_2O$)(钠的灵敏线 Na 589.0nm、Na 589.6nm，呈黄色)。这是史书上最早的记载，证明了我们的祖先对光谱分析早就有过贡献。元素周期表中的绝大多数金属元素和非金属元素可直接测定，少量的可用间接方法测定。

第一节 原理及主要组成

一、原子发射光谱的产生

原子的外层电子由高能级向低能级跃迁,多余能量以电磁辐射的形式发射出去,这样就得到了发射光谱。原子发射光谱是线状光谱。通常情况下,原子处于基态,在激发光源作用下,原子获得足够的能量,外层电子由基态跃迁到较高的能量状态即激发态。处于激发态的原子很不稳定,其寿命小于 1×10^{-8} s,即外层电子很快就从高能级向较低能级或基态跃迁。多余能量的发射就得到了一条光谱线。谱线波长与能量的关系如式(2-1)所示。

$$\lambda = \frac{hC}{E_2 - E_1} \tag{2-1}$$

式中,E_2、E_1 分别为高能级与低能级的能量;λ 为波长;h 为普朗克常数;C 为光速。

原子中某一外层电子由基态激发到高能级所需要的能量称为激发能,以 eV(电子伏,$1eV=1.602\ 192\times 10^{-19}$ J)表示。原子光谱中每一条谱线各自有其相应的激发能,这些激发能在元素谱线表中可以查到。由第一激发态向基态跃迁所发射的谱线称为第一共振线。第一共振线具有最小的激发能,因此最容易被激发,也是该元素最强的谱线。如图 2-1 所示,钠线 Na I 589.59nm 与 Na I 588.99nm 是两条共振线。

在激发光源作用下,原子获得足够的能量后发生电离,电离所必需的能量称为电离能。原子失去一个电子称为一次电离,一次电离的原子再失去一个电子称为二次电离,依此类推。离子也可能被激发,其外层电子跃迁也发射光谱。由于离子和原子具有不同的能级,所以离子发射的光谱与原子发射的光谱是不一样的。每一条离子线也都有其激发能,这些离子线激发能的大小与电离能高低无关。

在原子谱线表中,罗马数字 I 表示中性原子发射的谱线,II 表示一次电离离子发射的谱线,III 表示二次电离离子发射的谱线,依此类推。例如,Mg I 285.21nm 为原子线,Mg II 280.27nm 为一次电离离子线。

二、谱线强度与定量分析

原子由某一激发态 i 向基态或较低能级跃迁产生发射谱线的强度与激发态原子数呈正比。在激发光源高温条件下,温度一定,处于热力学平衡状态时,单位体积基态原子数 N_0 与激发态原子数 N_i 之间遵守 Boltzmann 分布定律。影响谱线强度的主要因素有:①统计权重。谱线强度与激发态和基态的统计权重之比(g_i/g_0)呈正比。②跃迁概率。谱线强度与

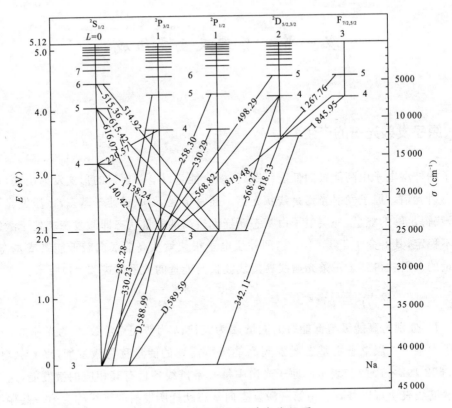

图 2-1 原子共振谱线能级图

跃迁概率呈正比,跃迁概率是一个原子与单位时间内在两个能级间跃迁的概率,可通过实验数据计算出。③激发能。谱线强度与激发能呈负指数关系。在温度一定时,激发能越高,处于该能量状态的原子数越少,谱线强度就越小。激发能最低的共振线通常是强度最大的谱线。④激发温度。温度升高,谱线强度增大。但温度升高,电离的原子数目也会增多,而相应的原子数会减少,致使原子谱线强度减弱,离子谱线强度增大。不同谱线有其各自最合适的激发温度,在此温度条件下,谱线强度最大。⑤基态原子数。谱线强度与基态原子数呈正比。在一定条件下,基态原子数与试样中该元素浓度呈正比。因此,在一定的实验条件下,谱线强度与被测元素浓度呈正比,这是光谱定量分析的依据。

三、仪器的主要组成

原子发射光谱仪主要由样品引入系统、ICP 发生器系统、分光和检测系统、数据读出处理系统等组成。

(一)样品引入系统

样品引入系统主要由蠕动泵、雾化器和雾化室、各种泵管及导液管组成。蠕动泵的作用是将溶液样品通过进样泵管导入雾化器,同时将废液排出。雾化器的作用是将导入的样品雾化成气溶胶,并送入雾化室。雾化室的功能相当于一个样品过滤器,较小的细雾通过雾化室到达炬管,较大的雾滴被滤掉并通过废液管流出。

(二)ICP 发生器系统

1. 光源

光源的作用是提供足够的能量使试样蒸发、原子化、激发,产生光谱。光源的特性在很大程度上影响着光谱分析的准确度、精密度和检出限。原子发射光谱分析光源种类很多,目前常用的有直流电弧、电火花及电感耦合等离子体等。

(1)直流电弧。直流电源,供电电压 220~380V,电流为 5~30A。镇流电阻 R 的作用为稳定与调节电流的大小。电感 L 用以减小电流的波动。G 为分析间隙(或放电间隙),上下两个箭头表示电极。

(2)电火花。火花放电是指在通常气压下,两电极间加上高电压,达到击穿电压时,在两极间尖端迅速放电,产生电火花。放电沿着狭窄的发光通道进行,并伴有爆裂声。日常生活中,雷电即是大规模的火花放电。火花发生器线路如图 2-2 所示。220V 交流电压经变压器 T 升压至 8 000~12 000V 的高压,通过扼流圈 D 向电容器 C 充电。当电容器 C 两端的充电电压达到分析间隙的击穿电压时,通过电感 L 向分析间隙 G 放电,G 被击穿产生火花。

(3)电感耦合等离子体。这种光源是目前常用的光源之一。电感耦合等离子体(ICP)光源是 20 世纪 60 年代研制的新型光源,由于它的性能优异,70 年代迅速发展并获广泛的应用。ICP 光源是高频感应电流产生的类似火焰的激发光源。高频发生器的作用是产生高频

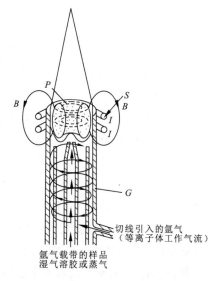

图 2-2 火花发生器线路图

磁场供给等离子体能量。频率多为 27~50MHz,最大输出功率通常是 2~4kW。作为光谱光源的 ICP 目前仅用 27.12MHz 和 40.68MHz 两种。功率一般在 0.6~2kW 之间,视样品的特性而异。ICP 用作光谱分析的光源具有明显的潜在优势,主要是 ICP 光源具有同时或按顺序测定多元素的能力,作为高温原子化器的 ICP 光源具有较低的化学干扰效应和宽的线性动态范围。ICP 光源具有很高的激发温度和较强的电离能力,可将原子和离子激发到各高能态,产生多条原子谱线和离子谱线,它的解离效果和电离程度都较一般的发射光谱光源理想,并且形成后的等离子体稳定,重复性好。

2. 电感耦合等离子体光源的装置构成

电感耦合等离子体光源的硬件构成主要由高频发生器、感应线圈、石英炬管和供气系统组

成。高频发生器系统,也就是我们通常所说的高频高强度的电磁场,为等离子体的形成提供电源的供给。感应线圈用于耦合发生器的高频供电,并在石英炬管中形成稳定的高频电磁场。

石英炬管一般为直径 20mm 左右的 3 层同心圆柱结构(图2-3)。外管目的是使等离子体离开外层石英管内壁,以避免它烧毁石英管;采用切向进气,其目的是利用离心作用在炬管中心产生低气压通道,以利于进样。中层石英管出口做成喇叭形,通入氩气维持等离子体作用(有时也可以不通氩气),其作用是保护中心管和中层管的顶端,尤其是保证中心管口不被烧熔或过热,减少气溶胶所带的盐分过多地沉积在中心管口上。另外它又起到抬升 ICP 光源,改变等离子体观察度的作用。内层石英管中心管内径为 1~2mm,其作用之一是载带试样气溶胶由内管注入等离子体内;作用之二是作为动力在雾化器将样品的溶液转化为粒径只有 1~10μm 的气溶胶;作用之三是对雾化器、雾化室、中心管等起清洗作用。石英外管和中管之间通入 10~20L/min 的氩气,作用是维持等

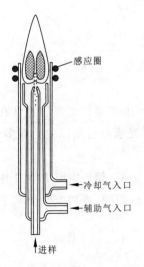

图 2-3 石英炬管的结构图

离子体并冷却石英炬管,称为等离子体气或冷却气。中间管和中心管之间通入 0.5~1.5L/min 的氩气,称为辅助气,作用是辅助等离子体的形成,调整等离子体火炬与中间管、中心管间距。中心管用于导入样品气溶胶,并形成一定的冲击,有助于等离子体中心通道的形成。

等离子体火炬按照设计方式,分为垂直观测和水平观测,分别适用于不同的应用领域。垂直观测适用于受基体干扰较小的样品,可灵活选择分析最佳观察高度。但由于在等离子体发射光谱中,其发射信号的强度主要取决于光源通道的长度。而垂直观测受狭缝高度的限制,其检出能力弱于水平观测,适用于绝大多数样品分析与基体较为复杂的分析领域。水平观测优点是可以接受比较强的发射信号,具有较高的信背比及较低检出限等优点,水平观测检出能力强,灵敏度高,适用于对样品中微量及痕量元素的分析检测。但由于水平观测及炬管特点的影响,水平观测不太适用于基体复杂、高盐等复杂样品中微量及痕量元素的分析。

3. 载气系统

载气系统主要是向等离子体发射器提供高纯度的氩气。

(三)分光和检测系统

1. 分光系统

目前新一代光谱仪都采用固定式中阶梯光栅-棱镜交叉色散系统。新型中阶梯光学系统的引入,使得仪器的设计有了非常大的飞跃。ICP 的分析,由传统的一维光谱转化为二维光谱,这就极大地降低了谱线之间的干扰,采用高级次的光谱使得在 ICP 全波段范围内,信号的强度均衡稳定,做到了全波段闪耀,同时也使仪器的分辨率获得了极大的提高。特别是

20世纪90年代固态检测器的引入,真正实现了多元素多谱线的同时测量以及背景、内标的同步测量,也就是我们常说的全谱直读的分析。

2. 检测系统

检测系统是光谱仪的核心部分,主要是利用光电效应将不同波长的辐射能转化成光电流的信号,也就是说将光强度转换成电信号,再积分放大,给出定量结果。从20世纪90年代初开始,新型的检测器技术即电荷耦合检测器光谱仪和电荷注入检测器光谱仪快速发展起来,并开始被广泛应用在最新的ICP产品中。目前市场上,这类仪器已经占据主导地位,如CCD检测器和CID检测器。总体而言,固态检测器的优势明显,也是当前主流ICP的检测器,但是和光电倍增管相比还有其弱势,如不同波段灵敏度有差异,而检测器本身不能按照波长的响应设计,信号的采集为1∶1的响应等。总的来说,检测器必须具备以下优点:较高的灵敏度、低的检出限、较宽的动态范围、较高的分辨率、高的精密度、具备短期和长期稳定性、较快的分析速度、高的样品测量效率、宽的波长覆盖范围和高的准确度。

(四)数据读出处理系统

目前主流仪器的数据读出处理系统主要依赖于智能多功能软件系统,并设计有快速自动谱图解析,同时有多种背景矫正和波谱干扰的矫正功能,如Fitted矫正、FACT矫正和IEC矫正等。

第二节　测试应用领域介绍

自20世纪70年代ICP仪器商品化以来,ICP光谱分析被广泛应用于无机分析的各个领域。

按照分析方法和分析条件的类似性,可将样品分成如下几类。

(1)钢铁及合金:包括碳素钢、铸铁、合金钢、高纯铁、铁合金等。

(2)有色金属及其合金:包括有色金属及合金、稀有金属及合金、贵金属、稀土元素及其化合物等。

(3)水质样品:包括饮用水、地表水、矿泉水、高纯水及废水等。

(4)环境样品:包括粉煤灰、土壤、大气飘尘等。

(5)地矿样品:包括地质样品、矿石及矿物样品等。

(6)化学化工产品:包括化学试剂、化工产品、无机材料、化妆品、油类等。

(7)动植物及生化样品:包括植物、中药及动物组织、生物化学样品等。

(8)核工业产品:包括核燃料、核材料分析等。

(9)食品及饮料:包括食品、饮料等分析。

第三节 操作流程及常见故障排除

大部分 ICP 光谱仪的操作流程比较类似,在确定了气体、通风和冷却水循环系统正常的前提下,软件的操作流程如下。

一、开机

(1)检查安装好蠕动泵泵管方向,并夹紧蠕动泵。
(2)打开仪器的控制软件(例如:Agilent 5100 为 ICP expert),进入仪器的控制界面。
(3)点击"连接"按钮,使软件与仪器连接,并检查仪器是否进入联机状态。
(4)如果仪器刚开机,等待多色器温度达到35℃才能进行正常测试,视环境温度而定,一般需要 2~3h。如果仪器一直处于待机状态,则可直接进行开机操作。
(5)确保已安装标准的玻璃同心雾化器、双通道旋流雾化室和炬管(用于垂直或双向观测)。采用手动或自动进样方式均可。
(6)如果一段时间未使用仪器,可以在点火前设置气体流量吹扫管路 5min 左右,并检查点火需要的条件是否已经完全达到。如果已经都达到,可以直接点火。
(7)如果各项条件都已达到,点击"点燃等离子体"按钮,进行点火。等离子体点燃后建议预热仪器 20~40min,此时多色器温度应为 35℃,检测器 Peltier 温度为 40℃。
(8)此时,开始建立工作表文件及工作方法。其中包括对待测元素、重复次数、观测方式、标样浓度单位、拟合方式、样品名称、体积和稀释倍数等的设定。
(9)在分析选项中,选择待测样品,点击"运行"按钮开始采集数据,按软件弹出对话框提示操作即可。如需终止运行,点击"停止"按钮。
(10)打印检测报告,导出检测数据。

二、关机

(1)样品采集完成后,先用 5% HNO_3 冲洗系统 5min,再用去离子水冲洗系统 5min。
(2)点击"熄灭等离子体"按钮。关闭排风系统、水冷却系统和氩气阀门。
(3)松开蠕动泵管。
(4)退出软件,关闭控制电脑、显示器和打印机。
(5)如果经常使用,仪器需保持待机状态,即仪器完全通电,但等离子体熄灭的状态。

三、例行维护

ICP-OES 部件、耗材和附件需要进行日常维护。

(1)每小时：检查废液管，必要时排空废液管。

(2)每天：清洁 ICP-OES 表面（应该立即擦除溅出的液滴，防止腐蚀仪器）检查蠕动泵管，如果蠕动泵管塌陷或丧失弹性，应将其更换。不使用泵时，松开泵管。

(3)每周：清洁炬管、冷锥、接口、雾化室、雾化器。注意：切勿用超声波清洗石英玻璃、雾化器及炬管。

(4)每月：检查轴向和径向前置光路窗片是否清洁干净，必要时进行清洁或者更换。清洁仪器左侧顶部的冷却空气过滤网。检查感应线圈的状态，可存在一些变色，但是如果变色严重或者表面有明显腐蚀痕迹，应及时更换。卸下并清洁位于仪器右侧的冷却水过滤器。检查冷却水系统的水位，确保在最高线和最低线之间。检查/清洁冷却水系统上的变热交换器（散热器），以消除任何积聚的灰尘和脏物。

(5)每半年：更换冷却循环水，使用蒸馏水并加入 50mL 异丙醇。检查外部气源系统是否泄露，包括连接到仪器的管道，更换损坏、有泄露或磨损的组件。

四、常见故障

(1)样品引入系统故障，主要原因可能是雾化器堵塞、进样管堵塞或者炬管喷嘴堵塞。

(2)无法点燃等离子体，主要原因可能是气体压力不足或者炬管进水。

(3)点燃后又熄灭，主要原因可能是炬管进水或者废液排出不畅等。

第四节 数据的处理与换算

一般 ICP 测出的数据大都以 $mg \cdot L^{-1}$ 为单位，即 $\times 10^{-6}$。对于没有经过任何稀释的样品，则样品的真实浓度等于测试浓度。

$$C_{样品浓度} = C_{测试浓度} \quad (2-2)$$

对于经过稀释的样品，如湖水、地下水、海水、高盐样品，则样品浓度等于稀释倍数（n）乘以测试浓度。

$$C_{样品浓度} = n_{稀释倍数} \times C_{测试浓度} \quad (2-3)$$

对于干的粉末消解样品，如植物、土壤和岩石等样品，应该在消解过程中记录消解粉末的质量 $G(g)$，消解后定容的体积 $V(mL)$ 等。样品的真实浓度为

$$C_{\text{样品真实浓度}} = \frac{C_{\text{测试浓度}} \times V_{\text{定容体积}}}{G_{\text{粉末质量}}} \qquad (2-4)$$

ICP 光谱分析的应用领域非常广泛,在众多领域均有很多论文发表,并且国标上的方法也在不断地更新和完善。但对于复杂样品的分析,仍然需要建立相应的分析方法,否则会产生较大的误差,甚至错误的结果。

第五节 原子发射光谱分析优缺点

一、原子发射光谱分析的优点

(1)多元素同时检测的能力。可同时测定一个样品中的多种元素。每一个样品一经激发后,不同元素都发射特征光谱,这样就可同时测定多种元素。

(2)分析速度快。可在几分钟内同时对几十种元素进行定量分析。

(3)选择性好。每种元素因其原子结构不同,发射各自不同的特征光谱。在分析化学上,这种性质上的差异对于一些化学性质极相似的元素具有特别重要的意义。例如,Ni 和 Ta、Zr 和 Hf 等稀土元素用其他方法分析都很困难,而原子发射光谱分析可以毫无困难地将它们区分开来,并分别加以测定。

(4)检出限低。经典光源检出限为 $0.1 \sim 10 \mu g \cdot g^{-1}$(或 $\mu g \cdot mL^{-1}$),电感耦合等离子体(ICP)光源检出限可达 $ng \cdot mL^{-1}$ 级。

(5)准确度较高。经典光源相对误差为 5%~10%,ICP 光源相对误差可达 1%以下。

(6)广泛适用性。不论气体样品、固体样品,还是液体样品,都可以直接激发,且试样消耗少。

(7)校准曲线线性动态范围。经典光源线性动态范围只有 1~2 个数量级,ICP 光源可达 4~6 个数量级。

二、原子发射光谱分析的缺点

常见的非金属元素,如 O、S、N 及卤素元素等的谱线在远紫外区,目前一般的光谱仪尚不好检测;还有一些非金属元素(如 P、Se、Te 等),由于其激发能高,灵敏度较低。

第三章　原子吸收光谱仪

第一节　原理及主要组成

一、原子吸收光谱的产生

尽管原子吸收现象早在 1802 年伍郎斯顿（W. H. Wollaston）在研究太阳光谱时就被发现了，但作为一种实用的现代仪器分析方法——原子吸收光谱分析法却在 1955 年才出现。原子吸收光谱分析法又称原子吸收分光光度法，是基于从光源发出的被测元素特征辐射通过元素的原子蒸气时被其基态原子吸收，由辐射的减弱程度测定元素含量的一种现代仪器分析方法。

原子通常处于能量最低的基态。当辐射通过原子蒸气，且辐射频率相应于原子中的电子由基态跃迁到较高的能态所需要能量的频率时，原子从入射辐射中吸收能量，发生共振吸收，产生原子吸收光谱。在通常火焰与电热石墨炉条件下，原子吸收光谱是电子在原子基态和第一激发态之间跃迁的结果，原子对辐射频率的吸收是有选择性的。各原子具有自身所特有的能级结构，产生特征的原子吸收光谱。原子吸收光谱通常位于光谱的紫外区和可见区。

原子吸收光谱的波长和频率由产生跃迁的两能级的能量差 δE 决定。

$$\delta E = h\nu = \frac{hC}{\lambda} \tag{3-1}$$

式中，δE 为两能级的能量差，eV；λ 为波长，nm；ν 为频率，s^{-1}；C 为光速，$cm \cdot s^{-1}$；h 为普朗克常数。

原子光谱波长是进行光谱定性分析的依据。在大多数情况下，原子吸收光谱与原子发射光谱波长是相同的，但由于原子吸收线与原子发射线的谱线轮廓不完全相同，两者的中心波长有时并不一致。

在原子吸收光谱中，仅考虑由基态到第一激发态的跃迁，元素谱线的数目取决于原子能级的数目。由于原子吸收谱线的数目很少，所以在原子吸收光谱分析中，一般不存在谱线重叠干扰现象。

二、原子吸收光谱的强度

原子吸收光谱的强度是指单位时间内,单位吸收体积分析原子吸收辐射的总能量。在原子吸收光谱分析中,仅涉及基态原子对入射辐射的吸收。吸收辐射的总能量 I_a 等于单位时间内基态原子吸收的光子数,即产生受激跃迁的基态原子数 dN_0 乘以光子的能量 h_ν。根据爱因斯坦受激吸收关系式,有

$$I_a = dN_0 \cdot h_\nu = B_{0j} \cdot \rho_\nu \cdot N_0 h_\nu \tag{3-2}$$

式中,B_{0j} 为受激吸收系数;ρ_ν 为入射辐射密度;N_0 为单位体积内的基态原子数。

原子吸收介质前的入射辐射能量为

$$I_0 = C \cdot \rho_\nu \tag{3-3}$$

式中,C 为光速。

分析原子对入射辐射的吸收率为

$$\frac{I_a}{I_0} = \frac{h_\nu}{C} B_{0j} N_0 \tag{3-4}$$

式中,各参数含义同前。

三、原子吸收光谱分析的定量关系

在吸收层很薄时,通过吸收层入射辐射密度可视为常数,则总吸收强度为

$$I_a = C \cdot \rho_\nu \cdot \int k_\nu d\nu \tag{3-5}$$

式中,C 为光速;k_ν 为分析原子对频率 ν 的辐射吸收系数。结合式(3-2)则有

$$\int k_\nu d\nu = \frac{B_{0j}}{C} N_0 \cdot h_\nu$$

在原子吸收光谱实际分析工作中,并不是直接测量峰值吸收系数 k_0,也不是测定吸收层内的原子数 N_0,而是通过测量吸光度 A 测定试样中被测元素的浓度 C。因此,根据比耳-郎伯定律(Beer-Lambert)有

$$A = \log\left(\frac{I_0}{I_t}\right) = a \cdot b \cdot c, A \propto C$$

式中,A 为吸光度;I_0 为初始光强;I_t 为透过光的强度;a 为吸收系数;b 为样品在光路中的长度;C 为浓度。光的吸收定律(Beer-Lambert)主要适用于谱线较纯和浓度较低的样品。但是在实际中,计算出的吸光度与理论计算值存在一定的差别(图3-1)。

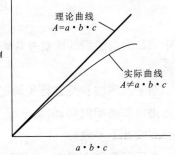

图3-1 原子吸光度的理论曲线与实际曲线

四、影响原子吸收光谱分析的因素

在推导原子吸收光谱定量分析实用关系式时,涉及两个基本的过程:试样中被测元素转化为自由原子的化学过程和蒸气相中子自由原子对辐射吸收的物理过程。化学过程比物理过程要复杂得多,影响化学过程的因素比影响物理过程更多。下面分别对这两个过程进行讨论。

1. 原子化过程的影响

从实践中知道,原子化效率对实验条件非常敏感,即使是同一元素,处于不同试样中时由于基体特性和其他共存元素的影响,也使得被测元素的原子化效率有时差别很大。加之原子吸收光谱分析法是一种在高温条件下的动态测量过程,因此,在实际分析工作中,由于实验条件的变动引起测定结果的波动是不可避免的。这是影响原子吸收光谱分析准确度和精密度的主要因素。为了获得满意的分析结果,必须对分析条件进行优化,并在整个校正过程中始终保持实验条件的稳定性和一致性。应该指出的是,测定一种试样中某一元素的最佳条件,未必对另一种试样中同一元素的测定也适用。分析人员必须针对具体分析对象,寻求测定某一元素的最佳条件。

2. 辐射吸收过程的影响

辐射吸收过程是一个物理过程。当使用空心阴极灯锐线光源,在灯电流不是很大时,原子发射线宽度远小于原子吸收线宽度,在原子发射线中心频率 ν_0 很窄的 $\Delta\nu$ 频率范围内,k_ν 随频率的变化很小,测得的吸光度可近似地认为是峰值吸光度。随着空心阴极灯电流的增大,自吸展宽和多普勒展宽效应增强,峰值吸光度展宽,使测得的峰值吸光度明显降低,导致实际测量曲线严重弯曲。

五、原子吸收光谱仪的组成

原子吸收光谱仪由 6 个部分组成,分别为辐射光源、原子化器、单色器、检测与控制、数据处理系统和仪器背景校正器(图 3-2)。主要是分析物质基态原子对光的吸收性质,是测量光源被分析元素的基态原子吸收前后光强的变化。

辐射光源是原子吸收光谱仪与原子荧光光谱仪的重要组成部分,它的性能直接影响分析的检出限、精密度及稳定性等性能。用于原子吸收光谱仪的光源通常是锐线光源,常用的激发光源有空心阴极灯、无极放电灯、激光等。常用的背景校正光源有氘灯、钨灯和氙灯等。对光源的基本要求如下:①要有足够的辐射强度;②发射线应是同种元素的共振线;③光谱纯度高、背景低、无干扰;④辐射能力稳定性好;⑤使用寿命长,操作维护方便。

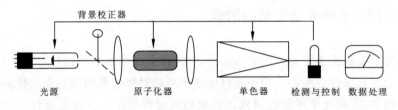

图 3-2 原子吸收光谱仪的主要组成

1. 空心阴极灯

(1)灯的构造和工作原理。空心阴极灯(hollow cathode lamps,HCL)产生原子锐线发射光谱的低压气体放电管,其阴极形状一般为空心圆柱,由被测元素的纯金属或其合金制成,空心阴极灯因此得名,并以其空心阴极材料的名称命名,如铜空心阴极灯就是由铜作为空心阴极材料制成的。空心阴极灯的阳极是一个金属环,通常由钛制成兼作吸气剂用,以保持灯内气体的纯净;外壳为玻璃筒,工作在紫外线区的,窗口由石英或透紫外线玻璃制成;管内抽成真空,充入几百帕的低压惰性气体,通常是氖气或者氩气。现在约 70 种元素可制成空心阴极灯。空心阴极灯是一种特殊的低压辉光放电灯,当阴极与阳极间施加 300~500V 电压时(阳极正、阴极负),极间形成一电场。电子在电场作用下,由阴极向阳极运动,并与充入的惰性气体分子发生碰撞,使惰性气体分子电离。气体的正离子以极高的速度向阴极运动,并撞击阴极内壁,引起阴极物质溅射。溅射出阴极元素的原子在空心阴极内形成原子云,原子进一步与气体离子撞击后被激发至高能态。处于高能态的原子很不稳定,会自发回到基态,在由激发态回到基态时以光的形式释放出多余的能量。激发光子的能量等于该原子的激发态与基态的能量差,因此从空心阴极灯射出的激发光的波长严格等于该元素原子的吸收波长。在空心阴极灯的光谱辐射中,除阴极元素的光谱外,还有内充气体、杂质元素及阴极支撑金属材料的光谱。

(2)灯的特性参数。①工作电流。空心阴极灯的最大工作电流通常与元素种类、灯的结构及光源的调制方式有关。用于原子吸收灯平均电流一般为 3~20mA。空心阴极灯发射强度由灯的电流大小决定,增大灯的电流时发射强度增大,稳定性增加。②预热时间。空心阴极灯达到稳定发射前的加热时间为预热时间。要求预热时间越短越好,由于阴极电子发射要在阴极溅射达到平衡时才能稳定,这之间需要一个过程。有的元素过程极短,如 Ag、Au 等在 1~2min 内就能达到稳定发射;有的过程要长一些,但一般不超过 30min。③背景。背景是指元素灯共振线两侧的背景能量与共振线的能量之比,一般应小于 1%。背景的来源主要是阴极材料中所含杂质及载气中杂质元素所产生的谱线。背景的存在引起工作曲线的弯曲,测量动态范围变窄。所以要求元素灯的阴极材料要选用高纯度材料,应达到 99.99%以上;载气要选用高纯度气体,否则灯的质量与寿命都会受到影响。元素灯的使用寿命以使用时间与使用电流的乘积总和来计量,计量单位为 mA·h。高熔点元素灯寿命大于

5 000mA·h，如 Fe、Mo 等，低熔点元素灯寿命大于 3 000mA·h。一般情况下，合金阴极灯的使用寿命大于纯金阴极灯的使用寿命。

（4）空心阴极灯的供电。空心阴极灯的工作电压为 150～300V，视阴极材料和充入气体的性质而定。在灯起辉时还要高出 100～200V，所以要求电源电压足够高以保证灯的正常起辉。一般电源电压应能达到 400～500V。另外，空心阴极灯的发射强度不仅依赖于灯的质量，而且取决于电源的稳定性。空心阴极灯的工作电流对谱线的发射强度影响很大，因此要求电源有很高的稳定性，通常采用恒流电源供电，恒流稳定度一般应小于 5%。

（5）灯的分类。空心阴极灯按照外形分有日立、瓶式和筒式 3 种。筒式元素灯适用于大部分仪器，部分具有多元素灯自动换灯结构的仪器对光源的定位精度要求很高，应选尺寸准确的筒式元素灯。

（6）多元素空心阴极灯。用原子吸收法测定不同元素时需要更换不同的元素灯，但目前很多厂家纷纷研制出了多元素空心阴极灯。这种灯的阴极是把几种不同的金属（同产 2～6 种）做成圆环衬于支持电机内制成，也可用金属或金属化合物的粉末烧结在一起制成阴极。在多元素灯中要考虑元素的组成，避免谱线互相干扰。

（7）高强度空心阴极灯。在普通空心阴极灯中增加一对辅助电极，辅助电极用电子逸出功小的氧化物制成，或者在阴极外涂一层易发射电子的材料。工作时需要的电流较大，可通过电阻分压给辅助电极供电，为达到最佳性能，也可用专用电源供电。

（8）灯的使用与维护。不能超过最大额定电流供电；每隔 3～4 个月，把不常用的灯点燃 2～3h，延长使用寿命；当灯的发光不稳定、光强减弱时，可用激活器加以激活或者把灯的极性接反，在规定的最大电流下点燃 30min，恢复灯的性能；取灯或放灯时应拿灯座，不要拿灯管，以防灯管破裂或污染窗口，导致光能量下降。

2. 原子化器

原子化器是使样品原子化并将原子蒸气导入光路的部件。要产生原子吸收，必须将结合态原子变成自由原子导入激发光束中。溶液中的元素是通过化学键与其他原子键结合在一起的，必须提供能量使其原子化。常用的原子化器有火焰原子化器、石墨炉原子化器、石英管原子化器等。

（1）火焰原子化器。在原子吸收光谱法中，火焰原子化器经过几十年的研究发展已经相当成熟，也是目前应用最为广泛的原子化器之一。其优点是操作简便、分析速度快、分析精度好、测定元素范围广、背景干扰较小等。但它也存在一些缺点，如由于雾化效应及燃气和助燃气的稀释，致使测定灵敏度降低；采用中温、低温火焰原子化时干扰较大；在使用中应考虑安全问题等。火焰原子化器的工作原理是：首先使试样雾化成气溶胶，再通过燃烧产生热量使进入火焰的试样蒸发、熔融、分解成基态原子。与此同时应尽量减少自由的激发和电离，减少背景吸收和发射。在原子吸收光谱测定中，对化学火焰的基本要求是：火焰有足够高的温度，能有效地蒸发和分解试样，并使被测元素原子化；火焰稳定性良好，噪声小，以保证有良好的测定精密度；较低的光吸收，提高仪器的能量水平，降低测量噪声，以获得低的检出限;燃烧安全。

(2) 原子化器的类型。火焰原子化器按照气体的混合方式可分为预混合型和全燃烧型两种常见形式。预混合型原子化器的燃气与助燃气在进入燃烧器之前已充分混合,产生层流火焰,燃烧稳定,噪声小,吸收光程长。全燃烧型原子化器的燃气、助燃气与样品溶液分别由不同的管道导入燃烧器,在进入燃烧器后边混合边燃烧,火焰燃烧不稳定,噪声大,目前基本不使用。

(3) 预混合型火焰原子化器由雾化器、预混合室、燃烧器等组成(图3-3)。雾化器是一种气压式装置,它将试样转化成气溶胶。预混合室的作用是使助燃气、燃气和气溶胶三者在进入燃烧器前得到充分混合,使粒度较大的雾珠凝聚,排除到废液收集瓶内;粒度细的气溶胶均匀进入燃烧器,尽量使燃烧不受扰动,以改善火焰的稳定性。燃烧器是火焰原子化器的关键部位之一,一个好的燃烧器,应当具有原子化效率高、噪声小、火焰稳定、燃烧安全的特点。

(4) 常见火焰类型。一般将火焰分为还原性火焰(富燃火焰)、中性火焰(化学计量火焰)和氧化性火焰(贫燃火焰)三类。对于原子吸收光谱测定而言,最合适的是还原性火焰。影响火焰反应的主要因素是燃气的性质及燃气与助燃气的比例。其中,空气-乙炔火焰燃烧稳定,重复性好,噪声小。燃烧速度不是很大,只有 $158 cm \cdot s^{-1}$,使用安全,易于操作。火焰温度比较高,最高温度可达 2 300℃。一氧化二氮-乙炔火焰作助燃气,既可以提高乙炔火焰的温度(一氧化二氮的燃烧温度可达 2 955℃,接近氧气-乙炔燃烧的温度),又能保持较低的燃烧速度。使用这种火焰可测定约70种元素,大大扩大了火焰原子吸收光谱仪的应用范围。一氧化二氮-乙炔是目前唯一获得广泛应用的高温化学火焰。

(5) 石墨炉原子化器。石墨炉原子化器是目前应用最广泛的无火焰原子化器。其基本原理是将试样放置在电阻发热体上,用大电流通过电阻发热体产生高达 2 000~3 000℃的高温,使试样蒸发和原子化。由于石墨炉原子化器较小,基态原子在其中停留时间较长,原子蒸气浓度比火焰高出两个数量级,一般检查限可达 $10^{-14} \sim 10^{-10}$ g,不用富集分离便可测定痕量或者超痕量成分,而且所需试样量较小,操作简单(图3-4)。

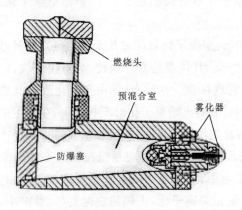

图3-3 原子化器的结构

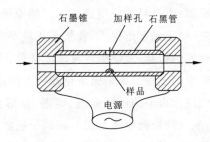

图3-4 石墨炉工作原理图

3. 背景校正装置

在原子吸收光谱分析中,为消除样品测定时的背景干扰,背景校正装置几乎是现代原子吸收光谱仪必不可少的部件。特别是石墨炉原子化器的应用,对痕量元素、超痕量元素分析,背景干扰尤其严重,因此发展出了各种背景校正技术,而且不同的背景校正技术也成为原子吸收光谱仪分类的一种标准。

(1)氘灯校正背景。氘灯可用于紫外线波段(180~400nm),由于它是真空放电光源,调制方式既可采用机械方式,也可采用时间脉冲点灯的电调制方式,且原子吸收测量的元素共振辐射大多数处于紫外线波段,所以氘灯校正背景是连续光源校正背景最常用的技术,已成为连续光源校正背景技术的代名词。原子吸收光谱仪常用的氘灯背景校正装置如图 3-5 所示。

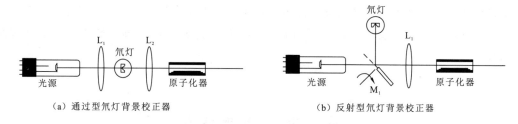

(a) 通过型氘灯背景校正器　　　(b) 反射型氘灯背景校正器

图 3-5　氘灯背景校正装置

(2)空心阴极灯自吸收校正背景。自吸收校正背景是利用在大电流时空心阴极灯出现自吸收现象,发射的光谱线变宽,以此测量背景吸收。自吸收背景校正装置的主要优点是:①装置简单,除灯电流控制电路及软件外不需要任何的光学结构;②背景校正可在整个波段范围(190~900nm)实施;③用同一支空心阴极灯测量原子吸收及背景吸收,样品光束与参比光束完全相同,校正精度很高。不足的是所有空心阴极灯都能产生良好的自吸发射谱线,一些低熔点的元素在很低的电流下即产生吸收,而一些高熔点元素在很高的电流下也不产生自吸,这样会造成元素灵敏度严重损失。此外,空心阴极灯的辐射相对供电脉冲有延迟,为了在自吸后能返回到正常状态,调制频率不宜太高。

(3)塞曼效应校正背景。物理学家塞曼发现光源在强磁场作用下产生光谱分裂的现象,这种现象称为塞曼效应。塞曼效应按照观察方式,可分为纵向塞曼效应和横向塞曼效应。用塞曼效应校正背景时,可将磁场施加于光源,也可将磁场施加于原子化器;可利用横向效应,也可利用纵向效应;可利用横向磁场,也可利用交变磁场。交变磁场可分为固定磁场强度的磁场和可变磁场强度的磁场。

4. 光学系统

光学系统是原子吸收光谱仪的重要组成部分,包括光源、外光路、单色器和光度计 4 个部分。光源发出的光通过原子化器,然后汇聚、投射至单色器的入射狭缝上,单色器滤除分析线以外的杂散光,分析线经初射狭缝投射到光度计的光电接收器上。光电接收器将光信号变为电信号,进入电器系统处理。对光学系统的总体要求是:尽可能地增加光源投射至单色器的光通量;应尽可能地避免非吸收光通过分析器进入单色器;投射到狭缝上的光束应使进入单色器的光线充满准直镜,以便充分利用单色器的性能;为使整个工作波段范围的元素测量都表现出较好的性能,应消除色差;光学系统的表面应保护良好,以延长仪器的使用寿命。

5. 检测器

检测器用来完成光电信号的转换,即将光信号转换为电信号,为以后的信号处理作准备。原子吸收光谱仪常用的检测器是光电倍增管,它是目前灵敏度最高、响应速度最快的一种光电检测器,广泛应用于各种光谱仪器上。光电倍增管由光窗、光电阴极、电子聚焦系统、电子倍增系统和阳极5个部分组成。光谱仪常用的固态检测器有电荷耦合器件(CCD)、电荷注入器件(CID)、二极管阵列检测器(PDA)等。根据感光元件的排列形式又分线阵和面阵两种。

第二节 分析特点

原子吸收光谱具有如下诸多优点。

(1) 选择性强。由于原子吸收谱线仅发生在主线系,而且谱线很窄,线重叠概率较发射光谱要小得多,所以光谱干扰较小,选择性强,而且光谱干扰容易克服。在大多数情况下,共存元素不对原子吸收光谱分析产生干扰。由于选择性强,使得分析准确快速。

(2) 灵敏度高。原子吸收光谱分析是目前最灵敏的方法之一。火焰原子吸收的相对灵敏度为 10^{-6};无火焰原子吸收的绝对灵敏度为 10^{-10} 之间。由于灵敏度高,则需样量少。固体直接进样的石墨炉原子吸收法仅需 0.005mg 的样品,这对于试样来源困难的分析是极为有利的。

(3) 分析范围广。分析速度快,应用范围广,能够测定的元素多达70个。

(4) 精密度好。火焰原子吸收法的精密度较好。在日常的微量分析中,精密度为 1%~3%。无火焰原子吸收法较火焰法的精密度低,目前一般可控制在15%之内。

(5) 准确度高。火焰原子吸收的相对误差小于1%,石墨炉原子吸收法的相对误差为3%~5%。石墨炉采用自动进样技术,可大大提高测定的精密度。

第三节 操作流程及常见故障排除

一、启动仪器

(1)检查仪器。检查仪器的每个单元(主机、PC、选项附件,如自动进样器)连接是否正确;排水容器(如废液瓶)是否充满;气体的量是否充足。警告:如果排水阱没有充满水,由于回火或由于气体泄漏的着火,会出现爆炸的危险,所以要确保排水阱充满水;仪器熄火之后,燃烧器还保持高温,因此,在更换燃烧器之前,至少等待10min,使燃烧器充分冷却。

(2)安装空心阴极灯。安装用于测量的空心阴极灯,打开灯室的盖子,使其暴露灯塔。由于电压高达400V,如果人体接触空心阴极灯的插座,由于电击会导致严重危险,甚至有致命的危险。因此,当更换空心阴极灯时,决不要忘记关闭灯的电源。

(3)供应气体。根据所用的喷雾器准备燃气和辅助气。当用空压机提供压缩空气时,请打开空压机电源,并打开每个气瓶的主阀。供气时需打开每种气体的供气阀给仪器供气。

(4)打开电源。打开PC机和连接到该仪器上的外用设备(如打印机)的电源开关。PC机启动完成后,打开原子吸收光度计前右侧的电源开关。

(5)打开排气管道的电源开关。吸入有毒气体会损害人体的健康,应确保打开排风机,以便排出样品中辐射出的蒸气。

二、操作流程

(1)启动原子吸收光度计的程序。打开PC机和光度计主机的电源,按顺序打开,至少等待30s,然后双击PC屏幕上的"塞曼AAS"快捷键图标。

(2)仪器初始化后进入AAS的测试界面。原子吸收光度计的应用包括4个基本窗口,分别为监控、方法、数据处理和诊断窗口。

(3)选择方法。火焰法和石墨炉法。

(4)设定分析元素。仪器中最多可安装8个灯,当使用复合元素灯时,最多可设定12种元素。

(5)设定下列各项:信号模式、计算模式、波长(通常设定为自动的,并不需要改变)、狭缝宽度(设定为默认值,不需要改变)、时间常数、灯的电流提供默认值、PMT电压、吸光度十进位小数点的位置(通常设定4位小数)。

(6)设定分析条件。主要设定下列项目:原子化器、火焰类型、燃气的流量、氧化剂压力、燃烧器高度、延迟时间、测量时间、自动启动、连续测量。

(7)设定标准表。设定下列各项:测定方法、方次、标准号、标准重复次数、标准中十进位小数点位置、标准单位、浓度(标准浓度)、样品表、样品数、进入样品名、测量目标、质控条件。

(8)确认测量条件,监控测量过程,并逐一检查监控谱图、仪器监控条、工作曲线图、轮廓图、原子化器的光轴,供应冷却水。

(9)各项都检查完毕并确认无误后,执行点火操作,开始测量,待测量结束导出结果,最后关闭各电源。

三、检查结果

数据处理窗口主要由数据表、轮廓图、工作曲线和仪器监控条组成(通常用作监控窗口)。对于数据表、轮廓图和工作曲线,它们的显示区域可通过用鼠标拖拉其边框线来改变其尺寸。

(1)轮廓图。根据指定的测量数据,原子化轮廓在数据表中能被显示,允许检查,确认轮廓线是否合适。

(2)工作曲线图。通过工作曲线法、标准附加法或单一标准附加法,由测量而产生的工作曲线能被显示。

(3)结果的存储和打印。除非不需要详细地分析或重新计算测量结果或修改样品名称,否则测量结果应当存储和打印,在重新计算和样品名修改后也需要存储和打印。

(4)关闭 AAS 程序。关闭 PC 机和仪器的电源;关闭原子吸收光度计的电源;关闭排气线路的电源;移除空心阴极灯;关闭每种气体的主阀(一次的和二次的);放出废溶液。

四、石墨炉法(参考火焰法)

1. 操作规范及建议

(1)石墨管类型:通常选择热解石墨管,可选择的类型包括热解石墨管、管状石墨管、杯状石墨管、平台石墨管。

(2)温度控制:为原子化器规定温度控制方法。光学温度控制作为默认的方法,由于迅速加热而确保高吸光计的灵敏度,通常不需要改变它。

(3)气体流量:规定载气的流速,对于非原子化,通常为纯的试剂蒸气和样品蒸气设定 20mL/min 的流速,在原子化器中,吸光计的灵敏度通过增加原子蒸气的密度,减小气体流速而提升。

(4)气体的种类:通常规定常规的气体(氩气)。当需要提升样品中有机物质的氧化速度时,常规气体变成高变气体(高变的气体装置是必需的)。

(5)提供清洗水:在每次进样时都要清洗喷嘴,通常要使用超纯水,加一些酸能提高清洗的效果。

(6)流动清洗液:为了消除在更换清洗液期间在样品管中形成的空气泡,预先要使它流动,通过点击在工具条上的"清洗喷嘴"按钮使清洗液流动。调节喷嘴,不要使喷嘴顶住石墨管,否则喷嘴可能会撞击石墨管内部的底壁。

2. 操作步骤

(1)检查仪器,安装空心阴极灯,并确认气体、石墨管(元素灯已安装)。

(2)打开主机电源,打开通风机(排气管道的电源开关),开启电脑。启动原子吸收光度计的程序,仪器初始化后进入 AAS 的测试界面。

(3)在菜单的工具下点击"连接"按钮,点击显示器图标,在屏幕右边可以看到连接进度指示条(约 0.5min),仪器与电脑建立连接。状态指示为"准备完毕"。

(4)点击"方法"按钮,进入方法设置窗口。在方法设置窗口点击"测量模式"按钮,选择测量模式为"石墨炉",样品导入为"自动进样"。其他的内容根据需要填写。

(5)依次设置元素、仪器设置条件、分析条件、标准表、样品表、自动进样器、QC 质控、报告格式等项目,并确认无误。

(6)点击"确认"按钮,确认分析条件。确认进样针与石墨管口已对齐。清洗进样针口,并确认进样针管路内无气泡。

(7)点击"显示器"按钮,在仪器控制下点击设置条件,稳定仪器 15min。

(8)打开冷却水、氩气(设置氩气压力:500kPa,水流量大于 2L/min)。点击仪器控制下"最高加热"按钮以清洁老化石墨管。点击仪器控制下的"存贮光温度控制方程"按钮。

(9)点击"准备"按钮,根据屏幕提示依次测量标样和样品,自动进样器注入样品,开始执行测量,在仪器监控条中的状态区域包含测量样品的 ID 号、当前测量的进度和指示每个测量进度的时间条。

(10)测量结束后自动结束工作。关闭氩气和冷却水阀门,用无水酒精清洗石墨管炉内。

(11)点击"数据"按钮,处理数据并打印报告。退出程序,关闭主机电源和通风机。

五、仪器诊断

仪器的诊断功能指通过测量下列项目来检查仪器的性能。诊断项目主要有以下几个。

(1)波长准确度:使用汞(Hg)空心阴极灯搜寻峰,并确认实际波长的偏差在允许的范围内。波长准确度在 253.7nm、546.1nm 和 871.6nm 处检查。

(2)基线稳定性:使用铜(Cu)空心阴极灯作为执行基线稳定性的条件,在加热 30min 之后,测量 5min,观察其吸光度的变化(噪声/漂移),确认它在允许的范围之内。

(3)灵敏度:使用铜(Cu)和钙(Ca)的标准溶液测量灵敏度,在规定的浓度下,检查测量的吸光度,确认它在允许的范围之内。在火焰法模式中,使用标准的溶液"Cu 1mg/L"。在辐射模式法中,使用标准液的溶液"Ca 1mg/L"。

(4)重复性:多次测量同一标准液(重复 10 次)以获得相对的标准偏差,确认其相对标准偏差在允许的范围之内。

六、故障处理

原子吸收光谱法中典型故障的可能原因和排除措施如表 3-1 所示,这些典型故障是火焰法中常遇到的故障。

表 3-1 原子吸收光谱法中典型故障和排除措施一览表

故障症状	可能的原因	检查和排除
火焰不点火	燃烧头沟槽堵塞	检查火焰条件和燃烧头沟槽并清洗沟槽
达不到所需的灵敏度	燃烧头沟槽堵塞	检查火焰条件和燃烧头沟槽并清洗沟槽
	喷雾器堵塞	吸入纯水,并检查吸入的程序,清洗喷雾器
	波长设定不适当(波长偏离,不适当的波长/狭缝宽度/灯电流)	检查所显示的灯的光谱并调整为适当的数据值,再次执行设定的条件
	错误的灯(元素)	检查灯室,更换正确的元素灯
	燃烧头的高度失调	检查燃烧头高度,调到适当的位置
	乙炔气流量减小	检查乙炔气罐的压力,更换新的乙炔气罐
	原子化温度不足以熔化元素	使用高温炉
	样品黏度太高	吸入样品,检查吸入程度,通过稀释或分解来降低样品的浓度
	样品中共存物质的干扰	执行与标准溶液的灵敏度的比较,借助稀释或萃取降低共存物质的浓度,对于某些元素,加入基质修饰成分
重复性不好	燃烧头沟槽堵塞	检查火焰条件和燃烧沟槽,并清洗燃烧头沟槽
	延迟时间太短	吸入样品,检查从吸入到信号稳定之间的时间,设定较长的延迟时间

第四章 原子荧光光谱仪

第一节 原理及主要组成

一、原子荧光光谱法概述

原子荧光光谱法(atomic fluoresce spectrometer,AFS)是20世纪60年代提出并在近些年快速发展起来的一种成熟可靠的光谱分析方法,是原子光谱法中的一个重要分支。原子荧光光谱法从发光机理看属于原子发射光谱(AES),而基态原子的受刺激过程又与原子吸收(AAS)相同。因此认为原子荧光光谱法是在原子发射光谱法和原子吸收光谱法的基础上发展起来的一种新的原子光谱分析方法,是原子光谱法中测定痕量和超痕量元素的有效方法之一。原子荧光光谱法是一种基于测量分析物气态自由原子吸收辐射被激发后,激发所发射的特征谱线,从而进行定量分析的痕量元素分析方法。该法能够检测As、Sb、Bi、Sn、Se、Te、Pb、Ge、Hg、Cd、Zn共12种元素,是一种性能优良的痕量和超痕量元素分析方法,现已广泛应用于环境监测、食品卫生、药品检验、城市给排水、材料科学、地质、冶金、化工和农业等多个领域,且已建立了90多项相关国家标准、行业标准和地方标准,制定了食品卫生、饮用水、矿泉水中重金属检测的多项国家标准,也被国家相关部门正式确定为环境监测的推荐标准方法。原子荧光光谱法之所以迅速在很多领域得以广泛应用,同国民经济与科学技术的发展需求有关,但更重要的应归结于该方法本身所具有的独特技术优势,大致可归纳如下:

(1)灵敏度高。原子荧光的发射强度与激发光源的强度成正比,且从偏离入射光的方向进行检测,即几乎在无背景下检测荧光强度。另外,非色散荧光光度计采用单透镜、短焦距光学系统,光能量损失少,且可同时测量被测元素多条荧光谱线,因此可获得很高的分析灵敏度和很低的检出限。

(2)选择性好。原子荧光光谱与原子吸收光谱一样,也是元素的固有特征,这是其选择性好的根本原因。

(3)干扰少。原子荧光谱线比较简单,一般无光谱重叠干扰。此外,蒸气发生技术的特点使待测元素与绝大多数基体分离,可消除大量基体引起的干扰。

(4)分析曲线的线性范围宽。采用空心阴极灯或高性能空心阴极灯作为激发光源,分析曲线不但线性好且线性范围可达3个数量级。

(5)其他优势。谱线简单,非色散原子荧光光度计不需分光,无单色器分光结构,仪器结构简单,体积小,成本低,便于推广应用。

二、仪器工作原理

原子荧光是蒸气相中的基态自由原子受到具有特征波长的光源照射后,其中一些自由原子的外层电子吸收能量,跃迁至较高能态,处于高能态的电子很不稳定,在极短的时间(约108s)内即会自发返回到较低能态(通常是基态)或临近基态的另一能态,同时将吸收的能量以辐射的形式释放出去,发射出具有特征波长的原子荧光谱线。每个元素都有其特定的原子荧光光谱,在一定条件下,原子荧光谱线强度与待测元素含量成线性关系,这就是原子荧光光谱法的理论依据。原子荧光有两种基本类型:共振荧光和非共振荧光。共振荧光指荧光线的波长与激发线的波长相同;非共振荧光指荧光线的波长与激发线的波长不相同,大多数是荧光线的波长比激发线的波长更长。原子荧光还会出现一种特殊现象,即荧光猝灭。荧光猝灭是指处于激发态的原子,随时可能在原子化器中与其他分子、原子或电子发生非弹性碰撞而丧失其能量,荧光将减弱或完全不产生的现象。荧光猝灭的程度与被测元素以及猝灭剂的种类有关。

原子荧光光谱法有效利用了某些特定元素在酸性条件下能与还原剂(KBH_4或$NaBH_4$)发生化学反应,生成气态物质的蒸气发生技术,例如As、Sb、Bi、Se、Te、Pb、Sn、Ge元素可被还原为气态共价氢化物,Hg为蒸气态原子,Zn和Cd则为挥发性化合物,借助载气(Ar)将这些气态混合物导入原子荧光光谱仪的低温石英炉原子化器形成的氩氢火焰中进行原子化,由氩氢火焰将气态组分离解成被测元素的基态原子,基态原子受激发光源特征光谱照射后激发至高能态,而后回到基态时辐射出原子荧光。这些不同波长的原子荧光谱线,通过光电倍增管将光信号转换为电信号,从而检测出试样中待测元素的含量。VG-AFS集中了蒸气发生和非色散原子荧光光度计两者在分析技术上的优点:①在蒸气发生过程中,分析元素与基体分离并得到富集,一般不受原试样中存在的基体干扰;②由于气体进样,因此进样效率很高;③氩氢火焰本身具有很高的荧光效率和较低的背景辐射,且待测元素的荧光谱线均位于紫外波段,而非色散原子荧光光度计的检测器对紫外波段(190~310nm)范围内的谱线最为灵敏。这些因素的结合使其具有很好的信噪比和很高的灵敏度。激发系统采用专用特定波长激发光源,在照射含有一定浓度待测元素的原子蒸气时,产生原子荧光光谱,通过测定原子荧光的强度即可求得样品中待测元素的含量。

原子荧光光度计的结构示意图如图4-1所示。

首先,酸化过的样品溶液中的As、Pb、Sb、Hg等元素与还原剂(一般为KBH_4或$NaBH_4$)反应,在蒸气发生系统中生成氢化物或原子蒸气:

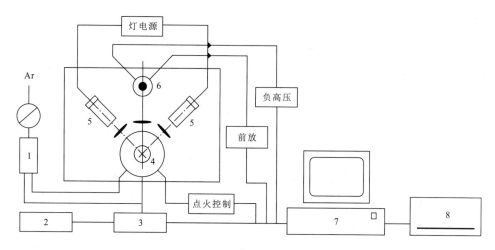

图 4-1 原子荧光光谱仪结构示意图

1. 气路系统；2. 自动进样器；3. 蒸气发生系统；4. 原子化器；5. 激发光源；6. 光电倍增管；7. 数据处理系统；8. 打印机

$$NaBH_4 + 3H_2O + H^+ \rightarrow H_3BO_3 + Na^+ + 8H* + E_m^+ \rightarrow EH_n + H_2(气体) + H_2$$

式中，E_m^+ 代表待测元素，EH_n 为气态氢化物（m 可以等于或不等于 n）。适当使用催化剂，在上述反应中还可以得到镉和锌的气态组分。过量氢气和生成的气态组分与载气混合，进入原子化器，在特制点火装置的作用下形成火焰，使待测元素原子化。待测元素的激发光源（一般为空心阴极灯）发射的特征谱线通过聚焦，激发氩氢火焰中的待测物原子，得到的荧光信号被光电倍增管接收，然后经电路放大和计算机数据处理，最终得到测量结果。

三、仪器主要结构

原子荧光光谱仪主要由气路系统、进样系统、蒸气发生系统、光源系统、原子化系统和数据处理系统等组成。

1. 气路系统

仪器的整个气路控制由计算机自动完成，根据用户设定的载气和屏蔽气流量自动调节。气路系统为阵列式多路电磁阀结构，位于仪器后部，拧下固定螺丝即可拉出。每个电磁阀均已在出厂前调整为固定流量，通过不同数量电磁阀的组合就可以得到不同的流量。气瓶出口压力一般控制在 0.2～0.3MPa 之间，气体在进入电磁阀之前，先通过稳压装置，使气路压力恒定在 0.2MPa，以保证稳定一致的气体流量。屏蔽气的流量在 800～1 100mL/min 之间可变；载气流量在 300～600mL/min 之间可变，最小变化量为 100mL/min。气路保护装置包括气路压力检测装置和气液隔离装置。

2. 进样系统

原子荧光光谱仪流体驱动采用蠕动泵装置。半自动系列仪器为单蠕动泵(图4-2),全自动系列则为双蠕动泵(图4-3)。蠕动泵各泵压块上的槽口略有不同,其中一个泵的上压块为两个宽槽口,用于安装排废液泵管,下压块为3个窄槽口,分别安装样品或还原剂管。半自动系列仪器无自动进样器,配备一个蠕动泵,由其完成样品、还原剂和废液的驱动,手动切换进样针,选择吸取不同试剂。将压块上的插口插到泵头上下方的插柱上,将泵管平整卡入压块槽口中,禁止扭曲,将压块推近泵头,旋转压块调节顶丝,使其松紧合适(以溶液流动正常为准)。各个泵管的安装位置,两泵均为逆时针方向转动。安装泵管的时候,应注意压块松紧度是否合适,可通过压块顶丝调节,用有色溶液流动进行检验。泵管不可空载运行。应定期往泵管与泵头间的空隙内加入少量硅油。泵管使用一段时间后,应予以更换。老化不严重的泵管放置一段时间后还可以重复使用。

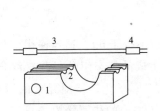

图4-2 半自动单蠕动泵压块示意图

1. 压块固定孔;2. 泵管槽;3. 泵管;4. 泵管卡头

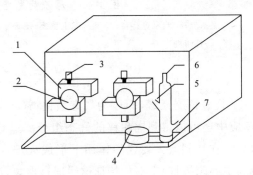

图4-3 全自动双蠕动泵示意图

1. 泵压块;2. 泵头;3. 压块调节顶丝;4. 反应块;5. 一级气液分离器入口(接反应块出口);6. 一级气液分离器气体出口(接二级气液分离器出口);7. 废液出口

一个完整的测量过程共包括4个步骤:第一步,采样针移至指定样品位置;第二步,泵转动吸取一定量的样品和还原剂;第三步,采样针移至载流槽位置;第四步,泵转动吸取载流和还原剂,推动样品进入反应块与还原剂发生化学反应,生成待测元素的气态原子或挥发性化合物和氢气,由载气携带进入原子化器中进行原子化。

3. 蒸气发生系统

如图4-4所示,样品/载流和还原剂在反应块中混合并发生化学反应,反应产物由载气携带进入一级气液分离器,废液从下端出口排出,载气、气态生成组分由上部出口进入二级气液分离器,再次冷凝分离水分后的气态混合物进入原子化器,被石英炉芯端口外特制点火炉丝点燃,形成氩气氛围下的氢氧火焰,使待测元素的氢化物原子化。

断续流动蒸气发生装置执行流体驱动、蒸气化学反应发生及气液分离功能,主要包括蠕动泵、反应块、气液分离器(一级和二级各一个)及连接管件等。反应块为四通结构,连接方式如图4-4所示。与反应块相连的是一玻璃材质气液分离器,由反应块得到的反应产物通过管道进入分离器,其中的液体成为废液经底部管道由蠕动泵排出。而气态成分则从上部出口进入二级分离器再次进行液体去除后进入原子化器。

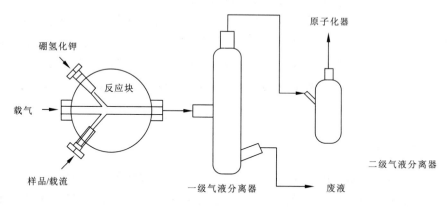

图4-4 蒸气发生系统原理图

4. 光源系统

光源系统主要由空心阴极灯和检测器组成。打开灯室上盖,可以看到灯架(双灯位或四灯位)、灯头插座及光路系统,图4-5所示为双灯位灯室结构。空心阴极灯激发光束经聚光透镜后,汇聚在原子化器石英炉的火焰中心,在光电倍增管的光阴极面上以1∶1的成像关系汇聚成像,三块透镜的焦距相同,物距与像距相同,均为60mm。原子化器内嵌有一个正对且与光电倍增管成45°斜角的玻璃反光装置,能够将空心阴极灯直射到对面内壁的较强光反射出去,有效避免了杂散光的影响。

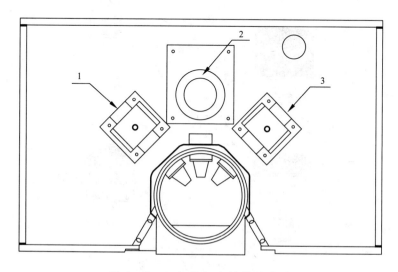

图4-5 双灯位灯室结构示意图

1.A道灯架;2.光电倍增管座;3.B道灯架

原子荧光光谱仪激发光源均采用特制高强度空心阴极灯,具有以下特点:①适应短脉冲大电流工作而不发生自吸;②适合荧光仪器的短焦距结构。空心阴极灯由封在玻璃管中的一个钨丝阳极和一个圆柱形空心阴极所组成。玻璃管内充有一定压力的氖气或者氩气。阴极由具有所需光谱的金属或涂有一层这种金属的材料或该金属合金构成。

原子荧光光谱仪的检测器采用的是日盲型光电倍增管,特点是对波长在160~320nm范围内的光有很高的灵敏度,对其他波长的光灵敏度较低,但是依然会有信号响应,因此在实验过程中禁止打开灯室盖和炉室门,尽量降低外界光进入对测定产生干扰。光电倍增管负高压默认值为300V,一般设置在300V左右,可根据灵敏度高低情况进行更改,常用范围200~500V。

5. 原子化系统

原子荧光光谱仪的原子化系统(图4-6)可使待测元素的气态化合物或者原子蒸气实现原子化。原子化系统采用双层屏蔽式石英炉原子化器,中心为双层同心的石英炉芯,外周为固定及保温装置,特制点火炉丝盘踞在炉芯顶端,用以点燃氩氢火焰。

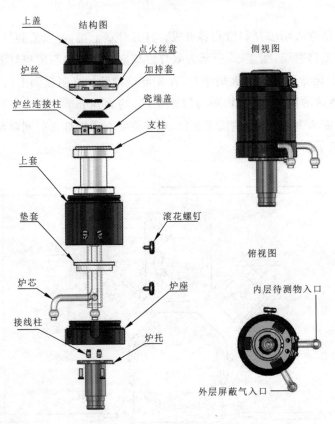

图4-6 原子化系统结构图

原子化器炉芯为石英材质双层结构,进入内层的为载气(氩气)、待测元素的蒸气或气态化合物和氢气的混合气体,外层通入屏蔽气(氩气)。炉芯上方的电热炉丝通电加热,点燃氢气,在炉口上方形成浅蓝色的氢氧火焰,使待测元素的蒸气或气态化合物实现原子化。

石英炉芯属于消耗品,出现损坏或污染时,需拆下进行清洗或更换。电热炉丝固定在加持套上,长期使用后炉丝会因老化而断裂,导致不能点燃氩氢火焰,应及时更换。

升降机构(图4-7)用于调节原子化器的高度,即炉高。炉高是指原子化器上端石英炉芯口水平面与光电倍增管镜头中心的垂直距离。元素不同,最佳激发位置不同,产生最大灵敏度的高度也就不同,所以需要调节原子化器高度,以优化最佳观测位置。手动左右旋转升降旋钮,即可进行调节,一般设置在8~10mm之间。

图4-7 升降机构结构图

6. 数据处理系统

检测器的作用是将光信号转化为电信号,以电流形式输出,其输出的电流信号经电流/电压转换后再进一步放大,经过解调和模/数转换(A/D)等一系列处理和运算,最终通过计算机显示和输出。

第二节 仪器操作基本流程

在使用仪器之前,使用者应对仪器工作环境条件及实验条件有所了解。工作温度15~30℃,湿度不超过75%,电源220V(±10%)50Hz或者110V(±10%)60Hz。电源要有良好的接地,周围无强磁场,无大功率用电设备,室内无腐蚀性气体,通风良好。建议用户配置带净化功能的稳压电源。

温度、湿度是影响氢化反应的重要因素。温度过低,氢化反应的速率、效率降低,测量稳定性变差;温度过高,则氢化反应加剧,样品不稳定,还原剂易分解,同样导致测量稳定性变差。湿度过大,会引起散射干扰使测量稳定性变差,还会造成荧光猝灭,导致荧光信号降低。

实验条件中氩气纯度不小于99.99%,带指针式氩气减压表,$NaBH_4$(KBH_4)含量在95%以上。盐酸、硝酸优选纯试剂。

一、开机

(1)开气。打开气瓶阀门,调节压力表,保证出口压力在0.25~0.30MPa之间。仪器安装、重新连接气路或在实验过程中发现数据异常波动时,应考虑气密封性问题,可使用泡沫丰富的肥皂水检查。

(2)检查计算机与仪器线路连接状态,确保连接正常;打开计算机;依次打开自动进样器电源开关、原子荧光主机电源开关,待仪器完全进入复位待机状态后,即可打开操作软件。

(3)调节光路。更换元素灯操作务必在关机状态下进行。依据待测元素,调整最佳原子化器(石英炉)高度,炉高常用范围为8~10mm。使用调光工具调整校正光斑位置,光路调节详细操作步骤如下:①将调光器安装在原子化器的炉口上端,有刻度面正对光源照射方向;②调节空心阴极灯灯架旋钮,使光斑圆心与调光器上相应高度十字交叉点重合;③调节完毕后,取下调光器。

(4)仪器预热。静态预热双击软件图标,进入仪器软件操作界面,打开"方法条件设置"标签,可进行元素灯设置,仪器可自动识别相应通道上的元素灯种类,如进行单元素测量,将不测元素设置为"None"即可。根据实际分析需求选择不同的灯电流,空心阴极灯点亮后应发光稳定、无闪烁现象。点击"点火"按钮,炉丝点燃,仪器开始对空心阴极灯和原子化器进行预热,一般30min后即可达到相对稳定状态。注意:在进行元素灯预热时,需要点击"点火"按钮,在测试状态下进行,通常预热30min即可。若仅打开主机而不运行测量功能,元素灯不启用工作电流,达不到预热效果。

(5)分析条件设置。在"方法条件设置"界面中,可以对元素灯参数、工作方式、进样方式以及测试时所用的负高压、气流量、读数和延迟时间等基本条件进行设置。使用者依据待测元素的大致含量确定标准曲线的浓度范围,并将灯电流、负高压等各项参数值设定合适。载气流量和屏蔽气流量按软件默认即可。延迟时间、积分时间需要根据实际测样过程中出峰的位置情况进行调节,一般按软件默认即可。注意:参数设定可采用默认值,也可根据样品实际情况作适当调整。灯电流值和负高压值越大,荧光信号越强,但是灯电流太大会缩短灯的使用寿命,而负高压太高会影响信号稳定性。

二、溶液制备

1. 还原剂和载流制备

还原剂:一般采用2%的硼氢化钾和0.5%的氢氧化钠溶液配制。先称取氢氧化钠2.5g

溶解,在水中溶解完全后,再加入10g硼氢化钾,搅拌溶解,然后定容至500mL。载流:一般采用体积分数为5%的盐酸溶液。量取25mL浓盐酸,用去离子水定容至500mL,混匀。还原剂和载流以现用现配为佳。

2. 标准溶液制备

以砷、汞的测定为例。

1) 砷标准系列制备

(1) 10μg/mL的砷(As)标准储备液和0.1μg/mL的砷(As)标准使用液。

吸取1mL浓度为1mg/mL的砷(As)单元素标准溶液(从国家标准物质研究中心购买)置于100mL容量瓶中,用5%的盐酸稀释至刻度,此溶液为10μg/mL的砷(As)标准储备液。再吸取1mL此储备液置于100mL容量瓶中,用5%盐酸定容至刻度,此溶液为0.1μg/mL的砷标准使用液。标准储备液和使用液均应在冰箱中冷藏保存。

(2) 5%硫脲和5%抗坏血酸混合溶液。

称取10g硫脲于小烧杯中,用约100mL去离子水低温加热溶解后冷却,再放入10g抗坏血酸,完全溶解后,完全转移至200mL容量瓶中,去离子水定容,混匀。

(3) 取5支50mL的容量瓶或比色管,分别加入0.5mL、1.0mL、2.0mL、4.0mL、5.0mL浓度为0.1μg/mL的砷(As)标准使用液。再各加入2.5mL浓盐酸、10mL 5%硫脲和5%抗坏血酸混合液,分别用去离子水定容至刻度,混匀。此标准系列溶液中砷(As)的浓度分别为1ng/mL、2ng/mL、4ng/mL、8ng/mL、10ng/mL,酸度为5%盐酸。

精密度测试用标准溶液移取10μg/mL砷(As)标准储备液0.25mL于250mL容量瓶中,加入5%硫脲和5%抗坏血酸混合液50mL,加盐酸12.5mL,定容,混匀。

2) 汞标准系列制备

(1) 10μg/mL的汞(Hg)标准储备液和0.1μg/mL的汞(Hg)标准使用液。

吸取1mL浓度为1mg/mL的汞(Hg)单元素标准溶液(从国家标准物质研究中心购买)置于100mL棕色容量瓶中,加入0.05g重铬酸钾($K_2Cr_2O_7$),用5%硝酸定容至刻度,此溶液为10μg/mL的汞标准储备液。再吸取1mL此标准储备液置于100mL棕色容量瓶中,用5%硝酸定容,此溶液为0.1μg/mL的汞标准使用液。标准储备液和使用液均应在冰箱中冷藏保存。

(2) 取5支50mL容量瓶或比色管,分别加入0.2mL、0.4mL、0.6mL、0.8mL和1.0mL浓度为0.1μg/mL的汞(Hg)标准使用液,再分别加入2.5mL浓盐酸,用去离子水定容至刻度,混匀。此标准系列溶液中汞(Hg)的浓度分别为0.4ng/mL、0.8ng/mL、1.2ng/mL、1.6ng/mL、2.0ng/mL,酸度为5%盐酸。

三、仪器工作参数的设置与优化

1. 负高压光电倍增管

负高压是指施加于光电倍增管两端的电压。光电倍增管将光信号转换成电信号,并通过放大电路将信号放大。在一定范围内负高压与荧光信号(荧光强度 If)成正比,如图 4-8 所示。负高压越大,放大倍数越大,但同时暗电流等噪声也相应增大。因此,负高压设置满足分析要求即可,尽量不要太高。一般采用仪器默认 300V 左右即可。

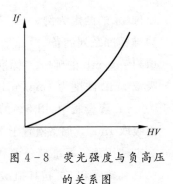

图 4-8 荧光强度与负高压的关系图

2. 灯电流

原子荧光光谱仪系列仪器不仅可以自动识别元素灯的种类,也可自动判别单、双阴极灯。对于单阴极灯,只需设置总电流即可;对于双阴极灯,总电流为主阴极与辅助阴极灯电流之和。设置好总电流后,辅助阴极电流自动设置为总电流的一半,即主阴极与辅助阴极灯电流的配比为 1∶1。不同的元素,主阴极与辅助阴极灯电流的最佳配比不同,用户可通过实验进行调整。A、B 道的灯电流需分别输入,范围为 1~150mA。一般采用软件默认值即可。

在一定范围内,荧光强度随灯电流增大而增大。但灯电流过大,噪声会随之增大,同时会缩短灯使用寿命,并且会发生自吸现象。汞灯实际上为阳极汞灯,灯电流设置不宜过高,常用范围 15~30mA。汞灯易受温度等外界因素的影响。

3. 原子化器高度

原子化器高度(简称炉高)是指原子化器顶端到透镜中心水平线的垂直距离,而不是原子化器的实际高度。因而其指示数值越大,原子化器反而越低,氩氢火焰位置也越低。在载气和屏蔽气流量、反应条件不变的情况下,氩氢火焰的形状是一定的,激发光源在氩氢火焰上的照射位置决定于原子化器的高低。当激发光源照射在氩氢火焰上原子蒸气密度最大位置时,激发出的原子荧光信号(即荧光强度)最强。而原子蒸气以火焰中心线为轴心呈扩散状分布,通常在火焰的中心线,原子蒸气密度最大,外围逐渐减小;在火焰中的不同高度,原子蒸气密度差异很大。不同元素在火焰中的最佳原子化高度不同,但在实际运用中,元素灯照射在火焰上的光斑较大,而各元素最佳观测高度相差不大。一般炉高使用范围为 8~10mm。

4. 气流量

由蒸气发生反应产生待测元素的气态原子或化合物、氢气及少量的水蒸气在载气(氩气)的"推动"下进入屏蔽式石英炉的内管,即载气管。氢气、氩气的混合气体被炉丝点燃,形成氩氢火焰,待测元素的气态原子或化合物在此火焰中进行原子化形成原子蒸气。石英炉的外管和内管之间通有氩气,作为氩氢火焰的外围保护气体,称为屏蔽气,具有保持火焰形状稳定、提供氩气氛围、防止荧光猝灭的作用。载气流量对氩氢火焰的稳定性、荧光强度的大小影响很大。载气流量太小,氩氢火焰不稳定,重现性差;载气流量过大,原子蒸气被稀释,荧光信号降低,过大的载气流量还可能导致氩氢火焰被中断,无法形成,使测量没有信号。屏蔽气流量过小,屏蔽效果差,氩氢火焰宽大,信号不稳定;屏蔽气流量过大,氩氢火焰细长,信号不稳定且灵敏度降低。

四、样品测量

使用自动进样器的标准溶液和样品溶液可以按默认位置摆放,也可根据实际情况进行修改。各种试剂和溶液准备好后,点击"开始"按钮,执行清洗程序,在此过程中调节压块松紧,观察还原剂管、样品管、排废管及载流补充管,以液体能够稳定流动为准,同时观察蒸气反应是否发生,反应管中有丰富气泡产生即为正常。

1. 标准曲线测量

选择"样品测量"标签下的"空白测量",点击"标准空白测量"按钮,当两次测量结果小于空白判别值时,仪器自动停止,同时读取标准空白值。点击"标准测量"按钮,输入标准系列浓度值。光标回到首行,点击"开始"按钮,标准曲线测量完成后,仪器自动停止,同时显示标准曲线信息。

2. 未知样品测量

点击"空白测量"按钮,选中"样品空白测量",设定空白测定次数。测量完毕后,仪器自动停止,同时读取样品空白值;点击"未知样品测量"按钮,弹出"样品参数设置"对话框,设置起始行、样品个数、样品名称、起始编号等信息;数据处理。点击"保存"按钮可保存测量结果。点击工具栏中按钮,可以编辑各项报告信息。点击"文件"中的"报告打印"按钮,可以选择打印各项报告内容。

五、关机

1. 清洗

测量结束后,倒出剩余载流,将进样针和还原剂管放入去离子水瓶,点击"清洗"按钮;清洗干净后,将管路从水中拿出,排空液体;松开泵管压块。

2. 关机

点击"熄火"按钮,退出操作软件,关闭主机电源、自动进样器电源和计算机。

第三节 仪器维护

一、日常维护

蠕动泵滚轴和自动进样器运动机构定期补加硅油润滑。测量结束后,用去离子水将各管路清洗干净,松开泵管压块;将载气管从反应块拔下,将仪器各部分擦拭干净,尤其是自动进样器的样品盘。泵管老化时及时更换。仪器定期通电运行,不可长期搁置。仪器每周应开机1~2次,以利于仪器内部保持干燥,避免电路故障。仪器使用后,要将实验台面清理干净,避免腐蚀、损坏仪器。根据使用情况,定期将炉芯和气液分离器拆下清洗(建议每隔3~6个月清洗一次)。

二、操作注意事项

(1)保持自动进样器采样臂的清洁,可适量滴加硅油润滑、防锈。

(2)不要长时间挤压泵管,仪器使用后要及时打开压块。保持泵管和压槽的清洁,补加硅油润滑泵管。

(3)安装元素灯时务必关闭主机电源,确保灯头上各管脚与灯座吻合。连接错位有可能烧坏主板,导致通信失败。

(4)调光时先关闭氩气,以免调光器堵塞载气通路导致返液。

(5)更换元素灯一定要在关机一段时间后再进行操作,防止灯丝在过热时因受到振动而发生阴极材料溅射,影响灯的发光强度和寿命。

(6)测试结束后一定要清洗,将管道内液体排空,然后再把泵管压块松开,最后再关闭氩气瓶阀门,以防液体回流腐蚀气路控制箱。

(7)仪器运行前一定要先打开氩气阀门,调节好出口压力。

(8)检查各泵管有无老化泄漏现象,定期向泵管和压块间补加硅油,防止磨漏。

(9)及时清理气液分离器中积液。

(10)打开操作软件的同时打开仪器电源,间隔不要太长,否则可能造成计算机与仪器主机的通信中断。

(11)清洗样品管及样品盘,以防腐蚀。

(12)载流液和还原剂应现用现配。
(13)元素灯预热应在测量状态下进行,汞空心阴极灯和锑空心阴极灯预热时间应长些。
(14)仪器应点火预热 30min 以上稳定以后,再进行测量。
(15)严禁非专业人员擅自对仪器进行维修操作。

三、仪器常见故障排除

仪器常见故障现象及排除方法详见表 4-1。

表 4-1 仪器常见故障排除方法

序号	故障现象	故障原因或解决办法
1	开机电源指示灯不亮	检查电源保险丝是否损坏
2	灯能量检测没反应	检查元素灯是否点亮;插拔元素灯线插头
3	进样臂只上下运动,左右不动	将进样臂横向推向中间,重新复位
4	进样针前后偏差	调节进样针滑块下面挡光板前后位置
5	测量时蠕动泵不转	更换蠕动泵驱动器
6	软件点火后炉丝不亮	检查炉丝是否烧断,更换电炉丝
7	软件提示无载气	检查仪器气路内压力是否正常;逆时针调节气路内压力
8	软件提示信号溢出	清洗管路;稀释高浓度样品
9	软件功能菜单灰化,禁止使用	连接数据库
10	测量时信号弱	校正灯位;更换泵管;压紧排废液泵管
11	测量时没信号	检查反应块是否有反应气泡;更换泵管;更换气液分离器
12	测量时空白高	更换基体试剂,例如酸、氢氧化钠、水
13	标准曲线线性不好	用 20%硝酸浸泡所用的试剂瓶
14	气液分离器中有积液	排废管路有堵塞或排废泵管的松紧不合适,造成排废不畅;样品消解不好,有机质太多,造成反应过于激烈,产生大量废液无法排出
15	二级气液分离器冒水	二级气液分离器出口或炉芯堵塞;二级气液分离器的排废泵管方向接反;排废管路不通畅;排废管压扁或压块松紧不合适
16	测量时信号不稳定	仪器预热时间不够,元素尚未达到稳定状态;气流量不准确或气流不稳;进样系统管路漏气或有堵塞,特别是气液分离器出口至原子化器间的管路;进样系统污染;仪器条件选择不合适
17	无火焰形成	炉口与炉丝未齐平,不能点燃氩氢焰;进样系统管路漏气或水封中无水;排废压块松紧不合适造成漏气

原子荧光光谱仪的干扰因素主要来自三个方面,具体解决方案见表4-2所示。

表4-2 原子荧光光谱仪的干扰因素来源及解决方案

序号	干扰类型	干扰表现阶段	解决干扰方案
1	液相干扰(化学干扰)	氢化反应过程中	络合掩蔽、分离(沉淀、萃取)、加入抗干扰元素、改变酸度、改变还原剂的浓度、改变干扰元素的价态等
2	气相干扰(物理)	传输过程中	分离(吸收、改变传输速度)、改善传输管道
3	散射干扰	检测过程中	清洁原子化室、烟囱、排气罩

影响仪器灵敏度的主要因素为:负高压、光路、灯电流、进样系统、载气流量、屏蔽气流量、蠕动泵管、原子化器高度、氢化物气体流路堵塞、硼氢化钾浓度、泵速、酸度、环境温度。

影响仪器稳定性的主要因素为漂移和波动。漂移即指热漂移,其解决方法是仪器预热30min以上,用大电流空启动预热,用小电流实测。灯漂移引起的误差补救措施为:重做空白和标准曲线校正截距和斜率。泵管疲劳引起漂移会使进样量逐渐减少,影响仪器稳定性。

漂移产生的原因判断:①将灯拔掉或用胶纸挡住A、B道灯透镜,不进样,空启动,观察仪器本底荧光强度是否有漂移,如有,则为仪器本身的热漂移;②加灯,不进样,空启动,观察仪器荧光强度是否有漂移,如有,则为所对应的那道灯产生的漂移;③进样,实际测量,观察仪器荧光强度是否有漂移,如有,则有可能是泵管疲劳引起的漂移。

波动产生的原因及检查方法:①仪器本身波动。检查方法与漂移检查方法相同;如有波动,则产生波动的原因可能是负高压块损坏。②灯引起的波动。检查方法与漂移检查方法相同;如有波动,则可改变灯电流(升高或降低常用的灯电流值)或换灯。③测量条件和进样系统引起的波动。检查方法:观察火焰稳定性;如有波动,则可能的原因有:载气、屏蔽气流量、原子化器高度、硼氢化钾浓度和酸度、光路、氢化物气体流路漏气、堵塞或有水珠、高浓度样品记忆效应。

第四节 常见样品的预处理

本节主要介绍水样、土壤样品中常见元素As、Se、Hg、Sb、Pb、Cd等预处理方法以及注意事项(表4-3)。载流和还原剂的条件参数以吉天8X仪器为例。

表4-3 常见样品的预处理及注意事项

样品类型	元素	方法	载流	还原剂	注意事项
水样	As	20mL + 1.25mL 盐酸 + 2.5mL 10%硫脲+抗坏血酸溶液→定容至25mL	5%盐酸	2% KBH_4 + 0.5% KOH	样品定容后需放置30min，使样品中的五价砷全部被还原成三价砷
水样	Se	20mL+2.5mL 盐酸→加热10min→定容至25mL	10%盐酸	2% KBH_4 + 0.2% KOH	加热的作用是使样品中的六价硒还原成四价硒
水样	Hg	20mL + 1.25mL 盐酸 + 0.5mL{溴化钾（10g/L）+溴酸钾（2.8g/L）}+100g/L 盐酸羟胺1~2滴使黄色褪去→定容至25mL	5%盐酸	0.05% KBH_4 + 0.5% KOH	加入溴化钾和溴酸钾的混合溶液将样品中的汞形态转化成无机汞
水样	Sb	20mL + 1.25mL 盐酸 + 2.5mL 10%硫脲+抗坏血酸溶液→定容至25mL	5%盐酸	2% KBH_4 + 0.5% KOH	加入硫脲和抗坏血酸将五价锑转化为三价锑
水样	Pb	20mL+0.5mL 盐酸→定容至25mL	2%盐酸	2% KBH_4 + 0.5% NaOH + 1% $K_3[Fe(CN)_6]$	铅对酸度的要求比较苛刻，尽量保持废液的pH在8左右
水样	Cd	20mL + 2.5mL Cd专用2号试剂（1g/L）+0.5mL 盐酸→定容至25mL	2%盐酸	5% Cd专用1号试剂 + 0.5% KOH	Cd专用2号试剂增加Cd的灵敏度
土壤	As	0.2g+5mL 1:1 浓度王水→100℃水浴1.5h→取出冷却→2.5mL 10%硫脲+抗坏血酸溶液→定容至25mL	5%盐酸	2% KBH_4 + 0.5% KOH	水浴过程中，每隔20min摇一次样品，保证样品充分接触王水
土壤	Se	0.2g+5mL 1:1 浓度王水→100℃水浴1.5h→补加2.5mL 盐酸再加热15min→取出冷却→定容至25mL	10%盐酸	2% KBH_4 + 0.5% KOH	
土壤	Hg	0.2g+5mL 1:1 浓度王水→100℃水浴1.5h→取出冷却→定容至25mL	5%盐酸	2% KBH_4 + 0.5% KOH	

续表 4-3

样品类型	元素	方法	载流	还原剂	注意事项
土壤	Sb	0.2g+5mL 1∶1 浓度王水→100℃水浴 1.5h→取出冷却→+2.5mL 10%硫脲+抗坏血酸溶液→定容至 25mL	5%盐酸	2% KBH_4+0.5% KOH	
	Pb	0.2g+15mL 消解酸(HNO_3∶$HClO_4$=4∶1)→电热板消解→赶干后再补加 5mL 左右水再次赶干→用载流洗至 25mL 比色管中并定容	2%硝酸+2%铁氰化钾	2% KBH_4+2% NaOH	必须完全赶干消解酸,保证最终进样时的酸度

第五章　电感耦合等离子体质谱仪

电感耦合等离子体质谱技术是以电感耦合等离子体(inductively coupled plasma,ICP)为离子源,用质谱计(mass spectrometer,MS)进行检测的元素和同位素分析技术,简称ICP-MS。

ICP-MS 具有灵敏度高、检出限低、线性范围宽、可检测元素范围广等特点,同时具备同位素和同位素比值分析能力,被认为是最强有力的痕量和超痕量元素分析技术,已被广泛地应用于地质、环境、冶金、生物、医学、化工、微电子和食品安全等各个领域。

采用ICP作为离子源的质谱仪器包括几种类型,如电感耦合等离子体四极杆质谱仪(ICP-Q-MS)、扇形磁场电感耦合等离子体质谱仪(SF-ICP-MS)或被称为高分辨率电感耦合等离子体质谱仪(HR-ICP-MS)、多接收器电感耦合等离子体质谱仪(MC-ICP-MS)(主要用于高精度的同位素比值分析)、电感耦合等离子体飞行时间质谱仪(ICP-TOF-MS)。本章主要以电感耦合等离子体四极杆质谱仪的技术原理、组成及其应用等为主展开介绍。

第一节　分析特点

ICP-MS 拥有多元素快速分析的能力,可以在短时间(约 2min)内对一个样品完成三次重复分析,同时完成的元素分析项目可达 20～30 种。

ICP-MS 的元素定性定量分析范围几乎可以覆盖整个元素周期表,常规分析的元素大约有 85 种。质谱系统对所有离子都有响应,但部分卤素元素(如 F、Cl)、非金属元素(如 O、N)以及惰性气体元素等由于其电离势太高,在氩等离子体中(氩的电离势为 15.76eV)电离势低,因此信号太小,也有的因为背景信号太强(如水溶液引入的 H、O)等原因,而没有包括在常规可分析元素的范围之内。

ICP-MS 对常规元素分析的动态线性范围宽,可达 9～10 个数量级。拥有高灵敏度的元素检出能力,因此在高纯材料、微电子工业和科研单位得到广泛应用。ICP-MS 的常量元素分析主要是被应用在环境监测方面(如沉积物中含量在 $g \cdot kg^{-1}$ 以上的 K、Na、Ca、Mg、Al、Fe 等),实际使用中可采用特殊结构的锥口适当地抑制环境样品中浓度过高的过渡金属元素信号,也可以通过对高浓度元素采用高分辨率设置来抑制一部分信号,而同时对微量元素采用标准分辨率的设置保持原有的检测能力。

ICP-MS 是按质荷比分离和检出,因此具有同位素分析和同位素比值分析的能力。此功能可应用于核工业、地质、环境以及医药等领域的同位素示踪、定年或污染溯源等。基于同位素比值分析的同位素稀释法则常被用于标准物质定值分析和公认的仲裁分析。

ICP-MS 作为高灵敏度的元素检测器,可方便地与多种色谱仪器(如高效液相色谱、离子色谱、凝胶色谱、气相色谱及毛细管电泳等)联用,实现元素形态分析,拓宽了仪器的应用范围。

ICP-MS 也可与固体进样技术(如激光剥蚀进样系统等)联用,直接进行固体样品的分析,既可以进行固体的成分含量分析,也可以进行固体样品元素分布图像分析,比如表面分析、剖面分析、微区分析等。

第二节 仪器主要组成

ICP-MS 仪器结构不同厂家有其特殊设计,但基本组成类似,主要包括进样系统(雾化器、雾化室)、等离子体炬管、接口、离子透镜、质量分析器(四极杆质滤器、碰撞/反应池)、检测器及计算机数据处理系统。辅助系统包括真空系统和循环冷却系统。

一、进样系统

ICP-MS 常规溶液进样系统的前端由雾化器、蠕动泵、进样管、内标管和排液管组成。进样系统将样品直接气化或转化成气态或气溶胶的形式送入高温等离子体炬。雾化器类型主要是气动雾化器,其机理是利用气流的机械力产生气溶胶,较大的溶胶颗粒通过雾化室去除,仅允许直径小于 $10\mu m$ 的雾滴进入等离子体。而样品溶液的提升方式有两种:一种是靠蠕动泵输送样品溶液的方式;另一种是自吸雾化器利用气体流动产生的文丘里效应(Venturi effect)自行提升溶液的方式。气动雾化器主要有两种类型,即同心雾化器和交叉雾化器。同心雾化器(图 5-1)由两组平行的玻璃管组成,中心管引入样品溶液,外侧管引入雾化气;交叉雾化器由样品毛细管与气流毛细管组成,且两者呈直角相交。在 ICP-MS 中使用最广泛的是玻璃同心雾化器。它具有灵敏度高、稳定性好的优点,但是对于盐分较高的样品溶液易堵塞,更换成本高,玻璃材质不耐氢氟酸。

雾化室的主要作用是去除大的气溶胶雾滴,消除雾化过程中的脉冲现象,获得较高的气溶胶传输效率。小体积的雾化室有利于缩短冲洗时间,减小记忆效应,提高分析效率。雾化室主要有三种:双通道雾化室、旋流雾化室(图 5-2)和撞击球雾化室。使用较多的是旋流雾化室。

雾化室为了制冷去溶采用半导体制冷雾化室,在水溶液进样时,雾化室恒温通常控制在

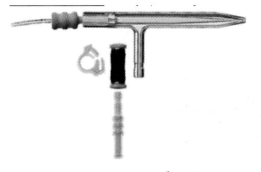
图 5-1 同心雾化器

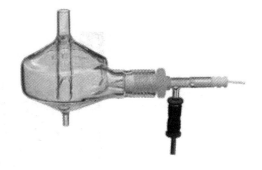
图 5-2 旋流雾化室

2~3℃，让更多的溶剂冷凝下来，提高分析物的相对浓度，减少等离子体炬焰的溶剂负载，减少溶剂引起的多原子、离子的干扰程度。保持恒定的雾化室温度和雾化效率，可以减小由仪器进样系统所引起的漂移。

蠕动泵主要用于引进样品溶液和内标溶液。蠕动泵可以恒速输送样品溶液或内标溶液，从而减小因样品溶液的物理性质不同（如黏度、表面张力、含盐量等）引起的进样量的差异。蠕动泵同时也承担了废液的恒速排出。

二、ICP 离子源

ICP 离子源由负载线圈、射频发生器、炬管组成，如图 5-3 所示。使待测样品中的原子、分子在高温等离子体中电离转化为带电离子。负载线圈通常由 2~3 匝、直径 3mm 的铜管绕成直径为 3cm 的螺旋环组成。冷却液或冷却气通过铜管，带走热量，将铜管因过度受热而产生的形变量降至最低。铜线圈形成电磁场，用以维持等离子，等离子主要集中在负载线圈内部。线圈相邻匝之间不可接触，且直径、间距必须尽量接近及统一，才能形成均一场。等离子体射频发生器(radiofrequency generator, RF)分为两种：一种是自激式射频发生器；另一种是晶体控制式发生器，也称他激式射频发生器。两种发生器均可形成等离子体进行电离。

炬管是由稀有辐射材料制成，不会降低负载线圈形成的磁场。目前大多采用石英制备，因石英熔点足够高，能够在高温氩气 ICP 中工作。炬管大多采用三种气体：冷却气、辅助气、雾化气(载气)。冷却气是等离子体支持气体，作用是保护管壁；辅助气的作用是保护毛细管尖；雾化气的作用是进样并穿透等离子体中心。炬管由三个同心石英管组成，三股氩气流分别进入炬管。

形成稳定的 ICP 焰炬，应具备三个条件：高频电磁场、工作气体以及能维持气体稳定放电的石英炬管。在炬管的上部环绕着一水冷感应线圈，当高频发生器供电时，线圈轴线方向上产生强烈振荡的磁场。用高频火花等方法使中间流动的工作气体电离，产生的离子和电子再与感应线圈所产生的起伏磁场作用，这一相互作用使线圈内的离子和电子沿封闭环路

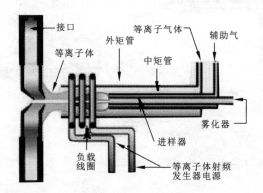

图5-3 等离子体、炬管及负载线圈结构图

流动;它们对这一运动的阻力则导致欧姆加热作用。强大的电流产生的高温使气体加热,从而形成火炬状的等离子体。等离子体形成的整个过程如图5-4所示。

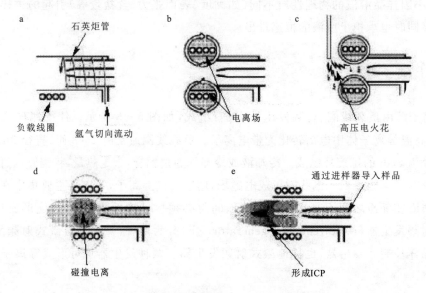

图5-4 等离子体形成过程
a. 通气;b. 加电磁场;c. 点火;d. 碰撞电离;e. 形成ICP

三、接口

等离子体质谱仪的接口是等离子体源和质谱仪的连接部件,其功能是将等离子体中的离子有效地传输到质谱仪,并保持离子一致性及完整性。接口包括截取锥和采样锥两种,如图5-5所示,通过机械泵维持接口处的低真空。由于锥体直接接触高温、腐蚀性试剂及气体,所以是消耗品。

图 5-5　等离子体质谱仪的接口类型

(左为截取锥；右为采样锥)

锥体通常采用高纯镍材料制成，也可采用铂金材料，其抗腐蚀能力更强，具有较低的镍离子背景，主要用于高纯物质痕量分析。铂金的高度惰性也被应用于耐氢氟酸进样系统、硫酸磷酸试剂的分析以及需要加氧的有机试剂分析。

样品溶液(含盐)经过高温等离子后，容易在锥口冷界面上形成氧化物的堆积，即积盐现象(如 Ca、Al、Si、稀土以及其他金属元素的氧化物)。积盐现象会造成分析物信号和内标信号逐渐下降，但在一定时间后可以得到平缓，这种现象是盐分堆积与挥发达到平衡的表现。

四、离子透镜系统

离子透镜系统位于截取锥及质量分离器之间，由一组或更多静电控制的透镜组成，并使用涡轮分子泵保持真空度。安捷伦离子透镜室由一系列金属片组成，PE 公司的透镜系统由一个金属圆筒组成(图 5-6)。其作用是通过接口锥提取常压等离子气中的离子，送至质量分析器。而非离子化粒子，如颗粒物、中性粒子及光子，则通过施加某种物理阻碍(如质量分子器离轴设计或将离子束在静电场中偏转 90°)使其无法到达检测器。在长时间高基体样品溶液的运行下都需要清洗，所以离子提取透镜一般装在常压区里方便拆卸，平时被滑阀隔离在真空室外。

五、质量分析器

质量分析器位于离子透镜系统与检测器之间，用涡轮分子泵维持真空度。当通过离子聚焦系统的离子具有最佳动能时，质量分析器将根据质荷比对进入的离子进行质量筛选。常见的质量分析器有 4 种：四极杆质滤器、双聚焦扇形磁场、飞行时间及碰撞/反应池技术。

四极杆质滤器(图 5-7)由四根双曲面形或圆柱形极棒组成，两两对称。极棒通常由高

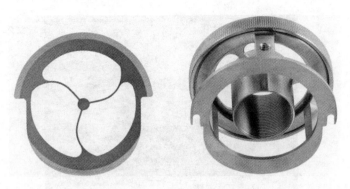

图 5-6　PE 公司 ELAN 系列 DRC-Ⅱ 的离子透镜系统

度抛光的金属或镀金陶瓷组成,长度一般 15～20cm,工作频率 2～3MHz。具有不同质荷比的离子沿四极杆极棒方向通过,每次只允许单个质荷比的离子通过,其他质荷比的离子则被排斥,从而起到过滤的作用。

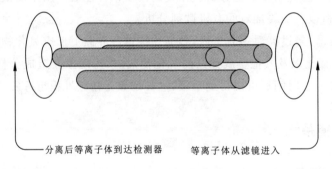

分离后等离子体到达检测器　　等离子体从滤镜进入

图 5-7　四极杆质滤器

四根极棒两两组成一对,分别施加直流电势 U 及射频电势 V,具体为一对极棒施加电压为 $(U-V\cos\omega t)$,另一对则为 $-(U-V\cos\omega t)$,即大小相等,相位相差 180°。改变施加的电压大小,在极棒中心形成电场,与进入四极杆的离子相互作用。每个离子在静电场中呈螺旋振荡运动,运动轨迹大小与形成的静电场有关。除特定质荷比的离子外,其他质荷比的离子螺旋轨迹大,与极棒碰撞成电中性,或过分偏转后被分子泵抽走。特定质荷比的离子则具有稳定的运动轨迹,最终通过极棒中心通道,到达位于四极杆后端的检测器。

现代的碰撞/反应池设计趋于灵活性和多元化,可以分别采用反应气体、碰撞气体或者混合气体,根据实际需要灵活地改变池工作模式和工作参数。反应气体主要有 NH_3、CH_4、H_2、O_2 等,碰撞气体有 He、Xe、Ne 等。混合气体(如 H_2/He、NH_3/He、O_2/He)中 He 为缓冲气体(buffer gas),在加压池系统中缓冲气体与离子多次碰撞,对离子束的离子起到一定程度的热化作用。

动能歧视(kinetic energy discrimination)与质量歧视(mass discrimination)是质谱学里

常见的两种不同效应。质量歧视效应在四极杆滤质系统中被用来鉴别具有不同质荷比的离子,而动能歧视效应常被用于四极杆和多级杆串联的系统中,以区分具有同样质量而动能有差别的离子。

六、电子倍增检测器

典型的电子倍增检测器拥有 20 多个电极,被前后分成两组,一种是脉冲计数检测,另一种是模拟检测。两组电极的中间端被抽头输出一个鉴别信号,当遇到高计数信号时(如 $>1\times 10^6$ cps)检测器自动切换到模拟检测模式,随后电极被接地,阻挡电子进入下一组电极,中间电极产生的电流在电阻上生成电压信号输出,继续通过电压频率转换器(V/F converter)转化成脉冲信号,再经脉冲/模拟信号校正因子(P/A factor)转换后输出。当信号较小时电子继续进入随后的电极继续被倍增放大,最终被收集电极采集,再经过斩波器去除本底噪声后输出。信号强度以每秒计数值的单位(counts per second,cps)输出。

七、辅助系统

等离子体质谱仪的真空系统由分子涡轮泵和机械真空泵组成。所有的质量分析器都必须在高真空状态下操作,真空泵是所有质谱仪的核心部件。质谱技术要求离子具有较长的平均自由程,以便离子在通过仪器的途径中与另外的离子、分子或原子碰撞的概率最低,真空度直接影响离子传输效率、质谱波形及检测器寿命。真空度越高,待测离子受到干扰越少,仪器灵敏度越高。

循环冷却水系统是等离子体质谱仪配置的独立辅助装置,由水泵、制冷机、控温系统、压力表、调节阀等组成。锥口、等离子体炬的 RF 线圈、等离子体射频发生器、半导体制冷雾化室、分子涡轮泵等通常需要循环水来进行冷却。冷却水不适合用去离子水,以免腐蚀仪器管道。在循环冷却水系统中可加入氯胺 T 抑菌,加入乙二醇防冻剂等。

第三节 仪器操作基本流程

以 PE ELAN DRC-Ⅱ型号的 ICP-MS 仪器操作为例。

(1)打开排风、送风系统。

(2)检查氩气源是否可以满足本次分析的需要;检查各路气体(包括反应气与载气)是否正常。反应气调至 0.4MPa,工作压力约为 7psi(1psi≈0.006 7MPa)。载气调至 0.7MPa,并将仪器后部 Argon Filtere 压力调至 50~55psi。

(3)电源开启顺序(2431):SYSTEM(CB2)→ELECTRONICS(CB4)→ROUGHING

PUMPS(CB3)→RF GENERATOR(CB1)。

(4)开启真空:点击"Vacuum on"按钮2~3秒,启动分子涡轮泵;双击桌面的"ELAN"按钮,在电脑软件处可观测真空度,等至真空度小于$1.00×10^{-6}$Torr进行下一步。

(5)打开循环冷却水系统,并确认水温为20℃。

(6)调整好进样系统:将进样管放入2% HNO_3,并检查废液管是否放入废液回收瓶中,卡上蠕动泵管。

(7)点炬:点击"Start"按钮,待"Ignition Sequence"至2/3处点击"Stop"按钮,再点击"Start"按钮,点炬后等待20~30min至稳定,期间进稀硝酸清洗整个管路和系统。

(8)每日测试(daily performance test):依次点击"Method"→"File"→"Open"→"Daily Performance"按钮,并将进样管放入"Setup solution"进行每日测试,测试的结果应为Mg≥8 000cps,In≥25 000cps,U≥20 000kcps、CeO/Ce^+≤3.0%、Ba^{2+}/Ba^+≤3.0%;若测试结果有偏差,再依据问题进行调整。

(9)仪器调谐完成后即可采用所建立的分析方法对样品进行测试。

(10)测试完成后,将样品管和内标管放入2%的HNO_3中冲洗5min,再放入去离子水中冲洗5min。

(11)点击"ELAN"界面的"Instrument"按钮进入仪器控制界面,点击"Plasma"下面的"stop"按钮进行熄火。

(12)关闭排风、送风系统及循环冷却水系统、氩气罐和显示器,松开蠕动泵(注意:在无需换气的情况下,真空和氩气无需关闭)。

(13)按照仪器操作记录本的要求进行相应的登记工作。

第四节 仪器维护

常见的部件清洗及保养包括以下方面:

(1)雾化器保养。需要时应清洁雾化喷嘴,放入1% HNO_3,超声波清洁15~30min,用去离子水清洁并干燥后使用。

(2)蠕动泵管保养。蠕动泵管应该放置在泵管槽内,保持适当的松紧程度。

(3)雾化室保养。分析结束后浸入1%~2% HNO_3,再用去离子水洗净。

(4)炬管保养。浸入10%~20% HNO_3洗净,再用去离子水清洗。

(5)注入管保养。浸入1% HNO_3,再用去离子水清洗,检查注入管是否变形。

(6)射频线圈保养。射频线圈较少保养,如果线圈上产生氧化物,性能会受影响。

(7)接口保养。采样锥和截取锥需要经常检查有无堵塞或固态沉积物,进样孔是否变形。

(8)锥面保养。用棉花蘸取2% HNO_3擦拭锥表面,去除表面沉积物。

(9)离子透镜需定期清洗与保养;机械泵油需定期更换。

第五节 常见问题分析及解决方案

(1)灵敏度低:检查雾化器/气,X—Y是否需要调节、锥是否脏了或损坏、检测器电压透镜电压四极杆质量分析器(质量轴和分辨率)是否正常工作,也可能是部分元素质量数(高或低质量数)所致。

(2)精密度较差:用标准溶液进行测试,可能的原因有蠕动泵管老化或损坏、雾化器部分堵塞、炬管箱温度太高、记忆效应等。

(3)氧化物/双电荷高:可能的原因有氧化物离子高、雾化气流速高、锥脏了、炬管漏气。

(4)等离子体问题:可能的原因有炬管安装不正确、氩气不纯或漏气、O型圈老化、雾化室排废不畅、工作线圈和钨棒老化。

(5)等离子体熄灭:查看报错信息,检查样品是否合适,雾化室排废是否通畅。

(6)线性不好:检查标准溶液、双检测器。

第六节 存在的干扰

ICP-MS存在相应的干扰问题,主要包括质谱干扰和基体效应两类。当等离子体中离子种类与分析物离子具有相同的质荷比,即产生质谱干扰。质谱干扰有四种:同质量类型离子干扰、多原子或加和离子干扰、氧化物或氢氧化物离子干扰和试样制备所引起的干扰。

同质量类型离子干扰是指两种不同元素有几乎相同质量的同位素。对使用四极杆质滤器的原子质谱仪来说,同质量类型指的是质量相差小于一个原子质量单位的同位素。使用高分辨率仪器时质量差可以更小些。周期表中多数元素都有同质量类型重叠的一个、两个甚至三个同位素。如:铟有$^{113}In^+$和$^{115}In^+$两个稳定的同位素,前者与$^{113}Cd^+$重叠,后者与$^{115}Sn^+$重叠。因为同质量重叠可以从丰度表上精确预计,所以此干扰的校正可以适当用计算机软件进行。现在许多仪器已经能够自动进行这种校正。

多原子离子(或分子离子)是ICP-MS中干扰的主要来源。一般认为,多原子离子并不存在于等离子体本身,而是在离子的引出过程中,由等离子体中的组分与基体或大气中的组分相互作用而形成。氢和氧占等离子体中原子和离子总数的30%左右,余下的大部分是由ICP炬的氩气产生的。ICP-MS的背景峰主要是由这些多原子离子产生的。它们有两组:以氧为基础质量较轻的一组和以氩为基础质量较重的一组。两组都包括含氢的分子离子,例如$^{16}O_2^+$干扰$^{32}S^+$。

在 ICP-MS 中,另一个重要的干扰因素是由分析物、基体组分、溶剂和等离子气体等形成的氧化物和氢氧化物,其中分析物和基体组分的干扰更为明显些。它们几乎都会在某种程度上形成 MO^+ 和 MOH^+ 离子,M 表示分析物或基体组分元素,进而有可能产生与某些分析物离子峰相重叠的峰。例如钛的 5 种天然同位素的氧化物质量数分别为 62、63、64、65 和 66,干扰分析 $^{62}Ni^+$、$^{63}Cu^+$、$^{64}Zn^+$、$^{65}Cu^+$ 和 $^{66}Zn^+$。氧化物的形成与许多实验条件有关,例如进样流速、射频能量、取样锥、锥间距、取样孔大小、等离子气体成分、氧和溶剂的去除效率等。调节这些条件可以解决一些特定的氧化物和氢氧化物重叠问题。

等离子体气体通过采样锥和分离锥时,活泼性氧离子会从锥体镍板上溅射出镍离子。采取措施使等离子体的电位下降到低于镍的溅射阈值,可使此种效应减弱甚至消失。痕量浓度水平上常出现与分析物无关的离子峰,例如在每毫升几个纳克的水平出现的铜和锌通常是存在于溶剂酸和去离子水中的杂质。因此,进行超纯分析时,必须使用超纯水和溶剂。最好用硝酸溶解固体试样,因为氮的电离电位高,其分子离子相当弱,很少有干扰。

基体效应:ICP-MS 中所分析的试样一般为固体含量的质量分数小于 1%,或质量浓度约为 $1\,000\,\mu g \cdot mL^{-1}$ 的溶液试样。当溶液中共存物质量浓度高于 $500 \sim 1\,000\,\mu g \cdot mL^{-1}$ 时,ICP-MS 分析的基体效应才会显现出来。当共存物中含有低电离能元素,例如碱金属、碱土金属和镧系元素且超过限度时,由它们提供的等离子体的电子数目很多,进而抑制包括分析物元素在内的其他元素的电离,影响分析结果。试样固体含量高会影响雾化和蒸发溶液以及产生和输送等离子体的过程。试样溶液提升量过大或蒸发过快,等离子体炬的温度就会降低,影响分析物的电离,使被分析物的响应下降。基体效应的影响可以采用基体匹配、标准加入或者同位素稀释等方法降低至最小。

第六章 离子色谱仪

第一节 原理及主要组成

一、离子色谱仪原理

色谱法是利用在固定相和流动相之间相互作用的平衡场内物质行为的差异,从多组分混合物中使单一组分互相分离,继而进行定性定量检出和鉴定、定量测定和记录的分析方法。色谱法的类型较多,关于色谱法的分类也有好几种,而各种分类方法的依据或出发点是不一样的。例如:根据流动相和固定相组合方式的不同,可分为液相色谱和气相色谱等;按照操作技术的不同,色谱法又可分为洗脱法、顶替法和迎头法等;按照色谱法的分离机理,则可分为吸附色谱法、离子交换色谱法、分配色谱法、沉淀色谱法和排阻色谱法等。离子色谱法是一门从液相色谱法中独立出来的色谱分离技术。它以低交换容量的离子交换树脂为固定相,电解质溶液为流动相(淋洗液)对离子性物质进行分离。事实上,给离子色谱法一个准确的定义是很难的,可以在不同的范围内,从不同的角度来描述离子色谱法。狭义而言,离子色谱法是以低交换容量的离子交换树脂为固定相对离子性物质进行分离,用电导检测器连续检测流出物电导变化的一种色谱方法。专用的离子色谱仪配置的是离子交换柱和电导检测器,这也正是它与普通液相色谱仪的不同之处。用专用的离子色谱仪可以进行离子交换色谱和离子排斥色谱两种方式的分析。目前,这两种分离方式仍然是离子色谱日常分析工作的主体。虽然非离子交换树脂固定相和非电导检测器也已广泛用于离子性物质的分离与分析,特别是对近年来研究较多的生物医药样品中的有机离子的分析,但是在实际使用中还是以离子交换型离子色谱仪较为常见,因而本书主要介绍以离子交换为原理的离子色谱仪。

离子色谱的分离原理主要是离子交换,而离子交换又有高效离子交换色谱(HPIC)、离子排斥色谱(HPIEC)和离子对色谱(MPIC)三种方式。离子交换色谱法是基于流动相中溶质离子(样品离子)和固定相表面离子交换基团之间的离子交换过程的色谱方法。分离机理主要是电场相互作用,其次是非离子性的吸附过程。其固定相主要是以聚苯乙烯和多孔硅胶作基质(载体),在其表面导入了离子交换功能基的离子交换剂(ion – exchanger)。离子交换色谱可以用于无机离子和有机离子的分离。阴离子的分离主要是采用季铵基作功能基的阴离子交换剂(anion-exchanger),阳离子的分离主要采用磺酸基和羧酸基作功能基的阳离子交换剂(cation-exchanger)。凡在溶液中能够电离的物质,通常都可用离子交换色谱法进行分离。它不仅适用于无机离子混合物的分离分析,亦可用于有机化合物的分离分析,例如氨基酸、核酸、蛋白质等生物大分子。因此,应用范围较广。

  色谱分离的实质是利用不同物质(溶质)在固定相和流动相之间的分配系数不同,当两相作相对运动时,被分离物质即可在两相中反复分配。物质在两相中的分配系数 K 可以用该物质在固定相中的浓度 C_s 和在流动相中的浓度 C_m 的比值表示,即

$$K = C_s/C_m \tag{6-1}$$

  在整个离子色谱分离过程中,流动相始终是以一定的流速(或压力)在固定相中流动,并将溶质带入色谱柱。溶质离子因为静电力和其他相互作用,进入固定相后即与固定相表面的功能基团作用,从而在固定相中保留。同时,溶质离子又被流动相中的淋洗离子顶替(交换)下来,进入流动相。与固定相作用(离子交换作用、分配作用等)越强的离子分配系数越大,在固定相中的保留时间就越长。而样品被加在色谱柱的一端,用淋洗液冲洗柱时,由于样品中各组分分配系数的差异决定了它们将按照先后次序随流动相从柱的另一端流出,从而达到彼此分离的目的。随后从色谱柱流出的溶液(柱流出物)将进入检测器连续测定,得到如图 6-1 所示的色谱图,即柱流出物中溶质离子浓度随时间变化的曲线,直线部分是没有溶质流出时流动相的背景响应值,称作基线(base line)。在基线平稳后,通常将基线响应值设定为零,再进样分析。溶质开始流出至完全流出所对应的峰型部分称色谱峰(peak),基线与色谱峰组成了一个完整的色谱图(chromatogram)。如果溶质 A 在固定相中完全没有保留($K=0$),仅仅是从进样器开始,经过色谱柱和连接管路被流动相带到检测器,这段时间称作死时间(dead time),通常用 t_0 表示,即死时间被定义为无保留溶质通过色谱柱所需时间。t_s 是溶质因与固定相作用在色谱柱中所耗费的时间,称溶质保留时间(solute retention time)或真实保留时间,它不包括死时间。通常所说的保留时间(retention time,t_R)是指总保留时间(gross retention time),即 t_s 与 t_0 之和,即

$$t_R = t_0 + t_s \tag{6-2}$$

  对于有效的离子色谱分离,色谱柱必须具有保留溶质离子的能力,而且还能使不同溶质离子之间达到足够大的分离。色谱柱的容量因子(capacity factor)K' 是溶质离子与色谱柱填料相互作用强度的直接量度,由下式定义

$$K' = \frac{t_R - t_s}{t_0} = \frac{V_R - V_0}{V_0} \tag{6-3}$$

式中,V_R 和 V_0 分别为总保留体积和空保留体积。

  保留时间和容量因子是定性分析的关键,因为待测组分在色谱图中出现的位置(即保留时间)与待测组分的性质密切相关(图 6-1)。因此原理上可用保留时间进行定性分析。定性分析时,测定样品中各组分的峰保留时间,并与相同条件下测得的标准物质的峰保留时间进行比较,保留时间相同即初步确定为同一物质。为了保证定性分析的可靠性,还可以使用

不同选择性的分离柱、使用不同的流动相、改变色谱分离条件、在样品中添加标准物、利用容量因子 K' 进行定性、利用不同的检测器进行定性等方法进一步验证。

而在理想情况下，色谱峰的形状可以近似地用高斯(gaussian)曲线描述，如图 6-2 所示。图中 σ 为标准偏差(拐点处的半峰宽)，h 为最大峰高，w 为峰宽。

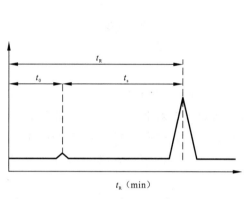

图 6-1 色谱图与保留时间

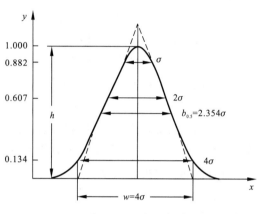

图 6-2 高斯曲线

在任意给定位置 x 处的峰高 y 可以用下式描述

$$y = \frac{1}{\sigma \cdot \sqrt{2\pi}} \cdot e^{\frac{(x-y)^2}{2\sigma^2}} \cdot y_0 \tag{6-4}$$

式中，y_0 为峰极大值，即 h。

在实际的色谱分析过程中，溶质从色谱柱流出时，很少符合高斯分布，而是具有一定的不对称性。此时，我们可以用不对称因子来定量表示色谱峰的不对称程度，如图 6-3 所示，将 10% 峰高处前半峰的宽度设为 a，同高度处后半峰的宽度设为 b，将 b 与 a 的比值定义为不对称 A_s，即

$$A_s = \frac{b}{a} \tag{6-5}$$

在实际色谱分析中，A_s 通常在 0.7~1.4 范围内。作为参考标准，如果 A_s 在 0.8~1.2 范围内，我们可以认为色谱峰具有较好的对称性。

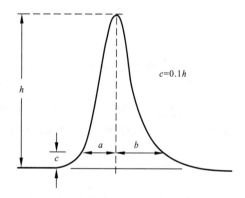

图 6-3 色谱峰的不对称性示意图

色谱定量分析的依据就是被测物质的量与它在色谱图上的峰面积或峰高成正比，即

$$c = fA \text{ 或 } c = f'H \tag{6-6}$$

式中，c 为被测物的浓度；A 为峰面积；H 为峰高；f 和 f' 为比例系数。

过去采用笔录式记录仪时一般采用峰高进行定量分析，这对峰的分辨率和峰的形状有较高的要求，而且峰高比峰面积更容易受分析条件波动的影响，峰高标准曲线的线性范围也

比峰面积的窄。因此,通常情况是采用峰面积进行定量分析。

色谱数据测量可用随机所带的积分仪,也可用带有相应色谱软件的计算机进行。以下对数字式积分仪和计算机作简单介绍。

(1)数字式积分仪。数字式积分仪是一种能自动测量峰面积和保留时间以及对基线漂移进行补偿的电子仪器。借助于电压-频率变频器(V/F converter)可以产生一定频率的与输入信号成正比的输出信号。积分时,由电压-频率变频器发出脉冲,在记录一个色谱峰期间脉冲的总数代表峰面积。通过积分仪可以记录几毫伏到1V的峰电压,线性范围在5个数量级以上。数字式积分仪精密度高,还能将色谱信号自动转变为数字形式。通过仔细选择积分仪的参数可以消除基线漂移带来的影响。

(2)计算机。尽管数字式积分仪在峰面积和保留时间的测量方面有独到之处,但在仪器的控制和数据的后处理方面都受到限制。计算机的引入解决了如下一些问题:①监控整个色谱分析系统,使包括进样在内的各分析步骤全自动化;②计算峰面积和保留时间;③保存大量分析数据和在线处理数据;④根据所获得的实验数据和设定的定量方法,可直接计算出样品含量。

离子色谱仪的工作过程是:输液泵将流动相以稳定的流速(或压力)输送至分析体系,在色谱柱之前通过进样器将样品导入,流动相将样品带入色谱柱,在色谱柱中各组分被分离,并依次随流动相流至检测器。抑制型离子色谱则在电导检测器之前增加一个抑制系统,即用另一个高压输液泵将再生液输送到抑制器,在抑制器中,流动相的背景电导被降低,然后将流出物导入电导检测池,检测到的信号送至数据系统记录、处理和保存。非抑制型离子色谱仪不用抑制器和输送再生液的高压泵,因此仪器的结构相对要简单得多,价格也要便宜很多。

二、离子色谱仪结构

离子色谱仪一般由输液系统、进样系统、分离系统、检测系统和数据处理系统五部分组成(图6-4)。下面将简要介绍各部分组成和功能。

1. 输液系统

一个完整的流动相输液系统包括流动相容器、脱气装置、梯度洗脱装置和输液泵4个主要部件。

1)流动相容器

流动相容器通常是由一个或多个聚乙烯瓶或硬质玻璃瓶组成,用来储存淋洗液,淋洗液多为去离子水配置的电解质水溶液,如$NaHCO_3/Na_2CO_3$。配好的淋洗液应用$0.45\ \mu m$以下孔径的滤膜过滤,防止流动相中有固体小颗粒堵塞流路。淋洗液放置一段时间后可能会因微生物的作用而出现絮状物,因此淋洗液一次不能配制太多,应经常清洗流动相容器和过滤头,经常更换淋洗液。

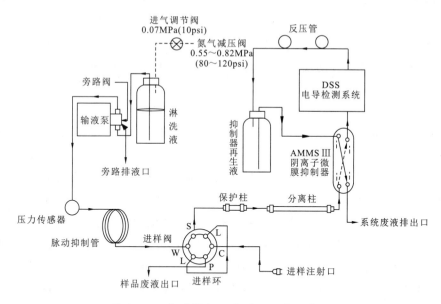

图 6-4 某型号离子色谱仪结构示意图

2) 脱气装置

流动相溶液往往因溶解有氧气或混入了空气而形成气泡。气泡进入检测器后会引起检测信号的突然变化,在色谱图上出现尖锐的噪声峰。而且小气泡慢慢聚集后会变成大气泡,大气泡进入流路或色谱柱中会使流动相的流速变慢或出现流速不稳定,致使基线起伏。气泡一旦进入色谱柱,排出这些气泡则很费时间。溶解气体还可能引起某些样品的氧化或使溶液 pH 发生变化。

目前,液相色谱流动相脱气使用较多的是超声波振荡脱气、惰性气体鼓泡吹扫脱气和在线(真空)脱气三种装置。离子色谱通常使用的是低浓度的电解质水溶液,水溶液中的溶解气体比较难脱除。

超声波振荡脱气是将配制好的流动相连容器一同放入超声水槽中脱气 10～20min。这种方法比较简便,又基本上能满足日常分析操作的要求,所以目前仍广泛采用。惰性气体(氦气)鼓泡吹扫脱气是将气源(钢瓶)中的气体缓慢而均匀地通入储液罐中的流动相中,氦气分子将其他气体分子置换和顶替出去,而它本身在溶剂中的溶解度又很小,微量氦气所形成的小气泡对检测无影响。在线(真空)脱气装置的原理是将流动相通过一段由多孔性合成树脂膜制造的输液管,该输液管外有真空容器,真空泵工作时,膜外侧被减压,分子量小的氧气、氮气、二氧化碳就会从膜内进入膜外而被脱除。

3) 梯度洗脱装置

在进行多成分的复杂样品的分离时,经常会碰到前面的一些成分分离不完全,而后面的一些成分分离度太大,且出峰很晚和峰型较差。为了使保留值相差很大的多种成分在合理的时间内全部洗脱并达到相互分离,往往要用到梯度洗脱技术。液相色谱的梯度程序有流速(压力)梯度、温度梯度和流动相梯度。其中,流速(压力)梯度和温度梯度很少采用,液相色谱中通常所说的梯度洗脱是指流动相梯度,即在分离过程中改变流动相的组成(溶剂极性、离子强度、pH 等)或改变淋洗剂浓度。根据样品的分离状况可以采用在某一段时间内连续而均匀地增加流动相强度的线性梯度程序,也可以采用在某一时间点,直接从某一低强度的流动相改变为另一较高强度的流动相的阶梯程序。

梯度洗脱时,流动相的输送将几种组成的溶液混合后送到分离系统。因此,梯度洗脱装置就是要解决溶液的混合问题,其主要部件除高压泵外,还有混合器和梯度程序控制器。

4)高压输液泵

高压输液泵是离子色谱仪的关键部件,其作用是将流动相以稳定的流速或压力输送到色谱系统。对于带有在线(真空)脱气装置的色谱仪,流动相先经过脱气装置再输送到色谱柱。输液泵的稳定性直接关系到分析结果的重复性和准确性。对于一般的分析工作而言,流动相的流速为 $0.5\sim 2\text{mL}\cdot\text{min}^{-1}$,因此分析型离子色谱仪的输液泵的最大流量一般为 $5\sim 10\text{mL}\cdot\text{min}^{-1}$,如果配置最大流量为 $10\sim 20\text{mL}\cdot\text{min}^{-1}$ 的泵头,则可兼顾半制备。输液泵的流量控制精度通常要求小于 $\pm 0.5\%$。现在使用的高效色谱柱都是将很细颗粒的填料(粒径 $3\sim 10\mu\text{m}$)在高压下填充到色谱柱管中,流动相流过色谱柱时会产生很大阻力,为了保证流动相以足够大的流速通过色谱柱,需要足够高的柱前压。

2. 进样系统

离子色谱仪的进样方式一般有自动进样和手动进样两种,进样器要求密封性好,体积小,重复性好,进样时引起色谱系统的压力和流量波动要很小。现在的液相色谱仪所采用的手动进样器几乎都是耐高压、重复性好和操作方便的阀进样器。六通阀进样器是最常用的,进样体积由定量管确定,常规离子色谱法中通常使用的是体积为 $10\mu\text{L}$、$20\mu\text{L}$ 和 $50\mu\text{L}$ 的定量管。而现在较高级的离子色谱仪已采用自动进样器,其可保证进样体积的精确性,且能自动换样。当设置完条件以后,仪器自动测样,大大缩短了操作人员的等待时间。

3. 分离系统

分离系统的核心部件是色谱柱,色谱柱要求柱效高、柱容量大和性能稳定。柱性能与柱结构、填料特性、填充质量和使用条件有关。色谱柱管为内部抛光的不锈钢柱管或塑料柱管,其结构如图 6-5 所示。

通过柱两端的接头与其他部件(如前接进样器、后接检测器)连接。通过螺帽将柱管和柱接头牢固地连成一体。从一端柱接头的剖面图可以看出,为了使柱管与柱接头牢固而严密地连接,通常使用一套两个不锈钢垫圈,呈细环状的后垫圈固定在柱管端头合适位置,呈圆锥型的前垫圈再从柱管端头套进去,正好与接头的倒锥形相吻合。用连接管将各部件连接时的接头也都采用类似的方法连接。另外,在色谱柱的两端还需各放置一块由多孔不锈钢材料烧结而成的过滤片,出口端的过滤片起挡住填料的作用,入口端的过滤片既可防止填料倒出,又可保护填充床在进样时不被损坏。

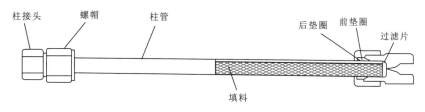

图 6-5 色谱柱结构示意图

4. 检测系统

检测系统的核心部件是检测器,检测器是用来连续监测经色谱柱分离后的流出物的组成和含量变化的装置。它利用溶质(被测物)的某一物理或化学性质与流动相有差异的原理,当溶质从色谱柱流出时,会导致流动相背景值发生变化,从而在色谱图上以色谱峰的形式记录下来。如果所测定的是流出物的整体性质,则称为整体性质检测器;如果所测定的是溶质离子的性质,则称为溶质性质检测器。例如电导检测器测定的是流出物整体的电导率,所以它是一种整体性质检测器,其他整体性质检测器还有折光率检测器、介电常数检测器等。根据适用离子的范围可将检测器分为通用型检测器和选择性检测器。对所有离子(绝大多数离子)都有响应的检测器称作通用检测器,如电导检测器对所有离子都有响应,是离子色谱中应用得最多的通用检测器。只对部分离子有响应的检测器称为选择性检测器,如紫外检测器只对有紫外吸收的离子有响应,电化学检测器只对具有电活性(氧化性或还原性)的离子有响应,它们是离子色谱中常用的选择性检测器。

离子色谱有多种检测方式可用,其中电导检测是最重要的,因为它对水溶液中的离子具有通用性。然而,作为离子色谱的检测器,它的通用性却带来一个对高灵敏度检测致命的问题,即淋洗液有很高的背景信号,这就使得它难以识别样品离子所产生的、相对淋洗液而言小得多的信号。此外,由于电导信号受温度影响极大,高背景电导的噪声会极大地影响检测下限。抑制型电导检测离子色谱使用的是强电解质流动相,如分析阴离子用碳酸钠、氢氧化钠,分析阳离子用稀硝酸、稀硫酸等。这类流动相的背景电导高,而且被测离子以盐的形式存在于溶液中,检测灵敏度很低。为了提高检测灵敏度,就需降低流动相的背景电导,并将被测离子转变成更高电导率的形式。于是,20 世纪 70 年代 Small 等在离子色谱柱后引入了抑制柱(后来称为抑制器),抑制器使得离子色谱可以使用简单、通用的电导检测器,是离子色谱的关键部件。抑制器连接在分离柱和检测器之间,它在整个离子色谱系统中起了背景消除(降低噪声)和信号放大的作用,柱流出物从一端流入抑制器,再生液从相反的另一端流入抑制器。在抑制器中,流动相与再生液之间进行离子交换反应,达到降低背景电导和增加溶质电导的目的。分析阴离子时通常用稀硫酸($10\sim20\ mmol\cdot L^{-1}$)作再生液,分析阳离子时通常用稀氢氧化钠作再生液。一个输液泵专门用于将再生液输送至抑制器。

5. 数据处理系统

数据处理系统是一种仪器或称化学工作站。所有分析过程都可在线显示，数据可自动采集、处理和储存。如果设置好有关分析条件和参数，可以自动给出最终分析结果。自动控制单元将各部件与计算机连接起来，在计算机上通过色谱软件将指令传给控制单元，对整个分析实现自动控制，从而使整个分析过程全自动化。也有的色谱仪没有设计专门的控制单元，而是每个单元分别通过控制部件与计算机相连，通过计算机分别控制仪器的各部分。

以中国地质大学（武汉）环境学院实验中心的 ICS-1100 离子色谱仪为例，其可以进行抑制型或非抑制型电导检测，它由淋洗液、高压泵、进样阀、保护柱/分离柱、抑制器、电导池和数据处理系统组成。

第二节 测试范围介绍

离子色谱分析具有高灵活性、高选择性、高灵敏度的特点，已经广泛应用于环境、农业、工业、生物、药物、食品、电镀、临床等领域，是测定很多阴离子和阳离子的有效方法。测定普通阴、阳离子以及含氧阴离子已有很多报道，也提出了许多测定有机酸、碳水化合物以及其他类型有机化合物的离子色谱方法。离子色谱与电感耦合等离子体质谱仪等灵敏的检测方法联用技术的发展，使得这项分析技术的应用范围和检测灵敏度有了很大提高。

环境样品分析依然是离子色谱的重要应用领域。所涉及的内容包括大气、干湿沉降、地面水、废水和植物等环境样品中阴、阳离子以及其他对环境有害物的分析，特别是对一些极性较强的有机污染物以及近年来引起重视的环境污染物等的分析，对环境质量评价与研究污染物在环境中的迁移、转化过程等提供科学的基础数据。

离子色谱在其发展初期最重要的应用是环境样品中常见阴、阳离子的分析。如大气及干湿沉降和地面水等样品中的各种阴、阳离子的测定，对 Cl^-、NO_2^-、Br^-、NO_3^-、SO_4^{2-} 等阴离子和 Li^+、Na^+、NH_4^+、K^+、Mg^{2+}、Ca^{2+} 等阳离子，可在 15min 以内完成分离与检测。除了常见的阴、阳离子之外，还可以用于环境中有机酸，如二元羧酸（草酸、丙二酸、琥珀酸、马来酸、苹果酸、酒石酸）；含氮与含磷化合物，如三氮（NO_3-N、NO_2-N、NH_4^+），多聚磷酸盐与不同形态磷酸盐的分析、总氮与总磷的分析；高氯酸盐的分析；重金属及类金属，如铬、砷、硒的分析；氰化物与金属氰络合物的分析等。

第三节 操作流程

离子色谱分析过程由进样(样品环进样)、分离(离子交换柱分离)、抑制(抑制器)、检测(电导检测器)四个环节组成,如图 6-6 所示。

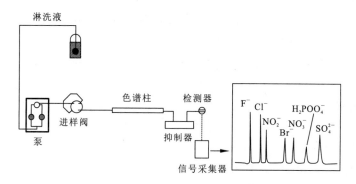

图 6-6 某型号离子色谱仪分析流程图

首先分析已知组成和浓度的标准样品溶液,由数据处理系统生成标准曲线,再分析经过必要处理的样品溶液,数据处理系统将其结果与先前生成的校正曲线进行比较,完成定性/定量的计算,得到样品结果。其基本的操作步骤如下。

一、开机前的准备

打开色谱实验室的空调和稳压电源或 UPS(不间断电源),根据样品的检测条件和色谱柱的条件配制所需的淋洗液。

二、开机

(1)依次打开打印机、计算机进入操作系统;打开氮气钢瓶总阀。调节钢瓶减压阀分压表指针为 0.2MPa 左右,再调节色谱主机上的减压表指针为 6psi 左右;确认离子色谱仪与计算机数据线连接正常,打开离子色谱主机电源和自动进样器的电源。

(2)点击"开始"→"程序"→"Chromeleon"→"Sever Monitor"按钮或双击屏幕右下角快捷图标,出现对话框界面后点击"Start"按钮启动,等 Dongle 序列号出来以后(表示 Sever Monitor 程序运行正常)可以点击"Close"按钮关闭界面。

(3)双击桌面上的"Chromeleon"(工作站主程序)。

(4)点击根目录下面控制面板文件夹,双击打开右边窗口中的 ICS-1100 System.pan(离子色谱操作控制面板)。

(5)操作控制面板打开后,选中"Connected"使软件与离子色谱仪联动起来;点击"泵设置"→"淋洗液流量阀"→"打开",将10mL注射器插入主泵头,打开主泵头废液阀(逆时针旋转两圈),吸取10mL,关闭主泵头废液阀(顺时针旋紧)。重复两次。打开泵头废液阀排除泵和管路里的气泡,关闭泵头废液阀。注意排完气后,一定要关闭废液阀,但不能过紧。

(6)将流速设置为 $0.2mL \cdot min^{-1}$,点击流速下的"打开";开泵启动仪器,然后将流速逐渐加大到 1.0mL/min。注意流速不能设置过大,若系统超过了最大压力,则会自动关闭泵。

(7)在抑制器有液体流出后,点击"检测器设置",在抑制器电流处设置 25mA,按回车键后,下面抑制器的模式将由"OFF"变为"ON"。

(8)点击蓝色圆点图标查看基线,待基线稳定后方可进样分析。

三、样品分析

样品分析流程如下:
(1)建立程序文件(program file)。
(2)建立方法文件(method file)。
(3)建立样品表文件[sequence(using wizard)]。
(4)加样品到自动进样器或手动进样。
(5)启动样品表。
(6)若是手动进样,按系统提示逐个进样分析。

四、数据处理

数据处理流程如下:
(1)建立标准曲线。
(2)打印标准曲线。
(3)打印待测样品分析报告。

五、关机

(1)点击"检测器设置",在抑制器的模式处的"ON"改变为"OFF"。按回车键,关闭抑制器电流;点击"泵设置"→"流速"→"关闭",设置关闭泵,关闭操作软件。

(2)点击"开始"→"程序"→"Chromeleon"→"Sever Monitor",出现对话框界面后点击"Stop"关闭。

(3)关闭离子色谱主机电源和自动进样器电源;关闭氮气钢瓶总阀并将减压表卸压。

(4)关闭计算机、显示器和打印机电源。

第四节 常见样品的采集及预处理

同样的以 ICS-1100 离子色谱仪分析阴离子为例。

1. 样品的收集和保存

样品一般采用高密度聚乙烯瓶进行收集。样品采集前,可以用稀酸浸泡该容器,然后用纯水多次冲洗,直至酸液完全冲洗干净;采集时,应用样品润洗容器至少三次,然后盛装样品。采集后,应立即用 $0.45\mu m$ 的滤膜过滤,以阻止颗粒态中物质与溶解态之间继续发生物质交换。过滤后的样品应密封保存着 4℃ 的冰箱中,并尽快分析。如果样品中含有 NO_2^- 和 SO_3^{2-},应该尽快分析,避免氧化成 NO_3^- 和 SO_4^{2-}。不含 NO_2^- 和 SO_3^{2-} 的样品可储存在冰箱里,并在一周内完成分析。

2. 样品预处理

对于酸雨、饮用水和大气飘尘的滤出液可以直接进样分析;对于地表水和废水样品,进样前要用 $0.45\mu m$ 的滤膜过滤;对于含有高浓度干扰基体的样品,进样前应先通过 Dionex 公司的 OnGuard™ 预处理柱。

3. 样品稀释

不同样品中离子浓度的变化会很大,因此无法确定一个稀释倍数。大多数情况下,地表水及地下水的样品不需要进行稀释。$NaHCO_3/Na_2CO_3$ 作为淋洗液时,用其稀释样品可以有效地减少水负峰对 F^- 和 Cl^- 的影响(当 F^- 的浓度小于 50×10^{-9} 时尤为有效),但同时要用淋洗液配置空白溶液和标准溶液。稀释方法通常是在 100mL 样品中加入 1mL 高浓度的淋洗液。

主要参考文献

陈国松,陈昌云.仪器分析实验[M].南京:南京大学出版社,2009.
邓勃,迟锡增,刘明钟,等.应用原子吸收与原子荧光光谱分析[M].北京:化学工业出版社,2007:280-325.
邓勃.应用原子吸收与原子荧光光谱分析[M].北京:化学工业出版社,2007.
丁明玉,田松柏.离子色谱原理与应用[M].北京:清华大学出版社,2001.
刘虎生,邵宏翔.电感耦合等离子体质谱技术与应用[M].北京:化学工业出版社,2005.
刘明钟,汤志勇,刘雯欣,等.原子荧光光谱分析[M].北京:化学工业出版社,2008.
牟世芬,刘开录.离子色谱[M].北京:科学出版社,1986.
牟世芬,朱岩,刘克纳.离子色谱方法及应用[M].北京:化学工业出版社,2018.
王小如.电感耦合等离子体质谱应用实例[M].北京:化学工业出版社,2005.
王玉枝.色谱分析[M].北京:中国纺织出版社,2008.
辛任轩.等离子体发射光谱分析[M].2版.北京:化学工业出版社,2011.
辛任轩.等离子体发生光谱分析[M].北京:化学工业出版社,2004.
张锦茂.原子荧光光谱分析技术[M].北京:中国标准出版社,2011.
Barron L,Gilchrist E. Ion chromatography—mass spectrometry: A review of recent technologies and applications in forensic and environmental explosives analysis[J]. Analytica Chimica Acta,2014,806(2):27-54.
Small H. Ion chromatography[M]. New York: Division of Plenum Publishing Corporation,1989.